U0288462

高等学校Java课程系列教材

JSP程序设计(第2版)
上机实验与综合实训

耿祥义　张跃平　编著

清华大学出版社
北京

内 容 简 介

本书是与《JSP程序设计(第2版)》(清华大学出版社)配套的上机实验与综合实训辅导教材。本书第一部分包括8次上机实践内容,通过一系列实验练习使学生巩固所学的知识。每个实验主要由相关知识点、实验目的、实验要求、效果示例和参考代码组成。在进行实验之前,首先通过实验目的了解实验要完成的关键主题,通过实验要求知道本实验应达到怎样的标准。本书第二部分包括两个完整的Web程序设计项目,属于综合实训,其目的是掌握一般Web应用中常用基本模块的开发方法。本书的附录为《JSP程序设计(第2版)》的习题参考解答。

图书在版编目(CIP)数据

JSP程序设计(第2版)上机实验与综合实训/耿祥义,张跃平编著.--北京:清华大学出版社,2014(2017.1重印)

高等学校Java课程系列教材

ISBN 978-7-302-37237-0

Ⅰ.①J… Ⅱ.①耿… ②张… Ⅲ.①Java语言-网页制作工具-教学参考资料 Ⅳ.①TP312 ②TP393.092

中国版本图书馆CIP数据核字(2014)第153411号

责任编辑: 魏江江 王冰飞
封面设计: 杨 兮
责任校对: 焦丽丽
责任印制: 宋 林

出版发行: 清华大学出版社
网 址: http://www.tup.com.cn, http://www.wqbook.com
地 址: 北京清华大学学研大厦A座 **邮 编:** 100084
社 总 机: 010-62770175 **邮 购:** 010-62786544
投稿与读者服务: 010-62776969, c-service@tup.tsinghua.edu.cn
质 量 反 馈: 010-62772015, zhiliang@tup.tsinghua.edu.cn
课 件 下 载: http://www.tup.com.cn,010-62795954
印 装 者: 北京鑫海金澳胶印有限公司
经 销: 全国新华书店
开 本: 185mm×260mm **印 张:** 9.75 **字 数:** 235千字
版 次: 2014年9月第1版 **印 次:** 2017年1月第4次印刷
印 数: 5001~6500
定 价: 24.00元

产品编号:060270-01

前　言

本书是与《JSP 程序设计(第 2 版)》(清华大学出版社)配套的上机实验与综合实训辅导教材,适合初学 JSP 的读者参考使用。

本书第一部分包括 8 次上机实践内容,目的是通过一系列实验练习使学生巩固所学的知识。每个实验由五部分构成:

(1) 相关知识点。这一部分给出与该实验相关的重点知识和难点知识。

(2) 实验目的。让学生了解本实验需要掌握哪些知识,实验内容将以这些知识为中心。

(3) 实验要求。给出了该实验需要达到的基本标准。

(4) 效果示例。通过效果图,使得学生首先对本次实验有一个直观的认识。

(5) 参考代码。给出的参考代码有一定的启发作用,学生可根据参考代码编写代码。

本书第二部分包括两个完整的 Web 程序设计项目,属于综合实践训练,其目的是让学生掌握一般 Web 应用中常用基本模块的开发方法。

可以登录清华大学出版社网站(www.tup.com.cn)下载实验模板的源程序。

编者

2014 年 4 月

目　录

第1章 JSP简介（实验）

第1章只有一个实验，目的是让学生熟悉Tomcat服务器安装与配置，为后续的实验做好准备工作。

实验 Tomcat服务器的安装与配置

1. 相关知识点

(1) 安装的Tomcat版本为tomcat-6.0.13。

(2) 执行Tomcat安装根目录中bin文件夹中的startup.bat或tomcat6.exe来启动Tomcat服务器。

(3) JSP页面文件保存到Tomcat服务器的某个Web服务目录中，以便远程的客户使用浏览器访问该Tomcat服务器上的JSP页面。

2. 实验目的

本实验的目的是让学生掌握怎样设置Web服务目录，怎样访问Web服务目录下的JSP页面，怎样修改Tomcat服务器的端口号。

3. 实验要求

(1) 将下载的apache-tomcat-6.0.13.zip解压到硬盘某个分区，例如D。

(2) 在硬盘分区D下新建一个目录，名字为student，将student设置为Web服务目录，并为该Web服务目录指定名字为good的虚拟目录。打开Tomcat安装目录中conf文件夹里的server.xml文件，找到出现</Host>的部分（server.xml文件尾部）。然后在</Host>的前面加入：

```
<Context path = "/good" docBase = "d:/student" debug = "0" reloadable = "true" />
```

(3) 修改端口号为5678。在server.xml文件中找到修改端口号部分，将端口号修改为5678。

(4) 启动Tomcat服务器（如果已经启动，必须关闭Tomcat服务器，并重新启动）。如果没有按照步骤(2)的要求在D盘下建立名字为student的目录，Tomcat将无法正常启动。

(5) 用文本编辑器编写一个简单的JSP页面biao.jsp，并保存到Web服务目录student中。

(6) 用浏览器访问Web服务目录student中的JSP页面biao.jsp。

4. JSP页面效果示例

根据实验要求，必须在浏览器的地址栏中输入Tomcat服务器的IP地址和端口号，并通过虚拟目录 good 访问 Web 服务目录 student 下的 JSP 页面。如果浏览器和 Tomcat 服务器驻留在同一计算机上,IP 地址可以是 127.0.0.1。biao.jsp 运行效果如图 1-1 所示。

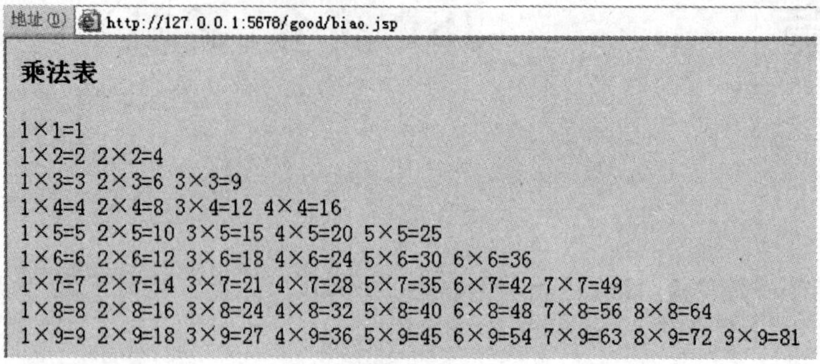

地址(D) http://127.0.0.1:5678/good/biao.jsp

乘法表

1×1=1
1×2=2 2×2=4
1×3=3 2×3=6 3×3=9
1×4=4 2×4=8 3×4=12 4×4=16
1×5=5 2×5=10 3×5=15 4×5=20 5×5=25
1×6=6 2×6=12 3×6=18 4×6=24 5×6=30 6×6=36
1×7=7 2×7=14 3×7=21 4×7=28 5×7=35 6×7=42 7×7=49
1×8=8 2×8=16 3×8=24 4×8=32 5×8=40 6×8=48 7×8=56 8×8=64
1×9=9 2×9=18 3×9=27 4×9=36 5×9=45 6×9=54 7×9=63 8×9=72 9×9=81

图 1-1　简单的 JSP 页面

5. 参考代码

可以按照实验要求,参考本代码编写自己的实验代码。

JSP 页面参考代码如下。

biao.jsp(效果如图 1-1 所示)

```
<%@ page contentType="text/html;charset=GB2312" %>
<HTML>
<BODY BGCOLOR=yellow>
<h3>乘法表</h3>
<FONT Size=3>
  <%
    for(int j=1;j<=9;j++){
      for(int i=1;i<=j;i++) {
        int n=i*j;
        out.print(i+"×"+j+"="+n+" ");
      }
      out.print("<br>");
    }
  %>
</FONT></BODY></HTML>
```

第 2 章 JSP 页面与 JSP 标记(实验)

第 2 章共有 3 个实验。要求将 Tomcat 服务器的端口号恢复默认设置,即端口号为 8080。

在 webapps 目录下新建一个 Web 服务目录 chapter2。除特别要求外,本章实验中涉及的 JSP 页面均保存在 chapter2 中。

实验 1 JSP 页面的基本结构

1. 相关知识点

一个 JSP 页面可由普通的 HTML 标记、JSP 标记、成员变量和方法的声明、Java 程序片和 Java 表达式组成。JSP 引擎把 JSP 页面中的 HTML 标记交给客户的浏览器执行显示;JSP 引擎负责处理 JSP 标记、变量和方法声明;JSP 引擎负责运行 Java 程序片、计算 Java 表达式,并将需要显示的结果发送给客户的浏览器。

JSP 页面中的成员变量是被所有用户共享的变量。Java 程序片可以操作成员变量,任何一个用户对 JSP 页面成员变量操作的结果,都会影响到其他用户。如果多个用户访问一个 JSP 页面,那么该页面中的 Java 程序片就会被执行多次,分别运行在不同的线程中,即运行在不同的时间片内。运行在不同线程中的 Java 程序片的局部变量互不干扰,即一个用户改变 Java 程序片中的局部变量的值不会影响其他用户的 Java 程序片中的局部变量。

2. 实验目的

本实验的目的是让学生掌握怎样在 JSP 页面中使用成员变量,怎样使用 Java 程序片、Java 表达式。

3. 实验要求

本实验将用户输入的单词按字典顺序排序。需要编写两个 JSP 页面,名字分别为 inputWord.jsp 和 showDictionary.jsp。

1) inputWord.jsp 的具体要求

该页面有一个表单,用户通过该表单输入若干个单词,并提交给 showDictionary.jsp 页面。

2) showDictionary.jsp 的具体要求

该页面负责排序单词,并将排序的全部单词显示给用户。

(1) 该 JSP 页面有名字为 dictionary,类型是 TreeSet 成员变量。

(2) 该 JSP 页面有 public void addWord(String s)方法,该方法将参数 *s* 指定的字符串

添加到成员变量 dictionary 中。

(3) 该 JSP 页面在程序片中操作 dictionary,即显示全部的单词。

4. JSP 页面效果示例

inputWord.jsp 的效果如图 2-1 所示。

showDictionary.jsp 的效果如图 2-2 所示。

图 2-1 输入单词

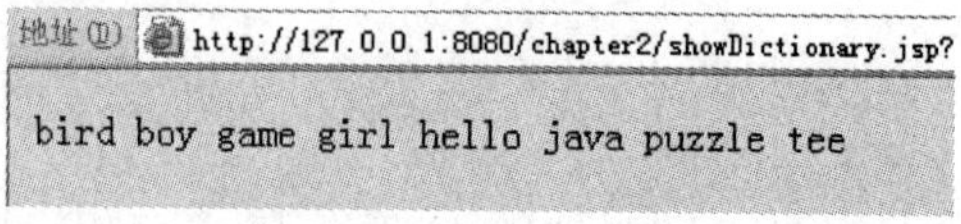

图 2-2 排序并显示单词

5. 参考代码

可以按照实验要求,参考本代码编写自己的实验代码。

JSP 页面参考代码如下。

inputWord.jsp

```
<%@ page contentType = "text/html;charset = GB2312" %>
<HTML>
<BODY bgcolor = cyan>
<FONT size = 3>
  <FORM action = "showDictionary.jsp" method = get name = form>
   请输入单词(用空格分隔): <INPUT type = "text" name = "word">
   <BR> <INPUT TYPE = "submit" value = "送出" name = submit>
  </FORM>
</BODY>
</HTML>
```

showDictionary.jsp

```
<%@ page contentType = "text/html;charset = GB2312" %>
<%@ page import = "java.util.*" %>
<HTML>
<BODY BGCOLOR = yellow>
<FONT Size = 3>
<%!
    TreeSet<String> dictionary = new TreeSet<String>();
    public void addWord(String s) {
        String word[] = s.split(" ");
        for(int i = 0;i < word.length;i++) {
            dictionary.add(word[i]);
        }
    }
 %>
 <%
    String str = request.getParameter("word");
    addWord(str);
    Iterator<String> te = dictionary.iterator();
    while(te.hasNext()) {
```

```
            String word = te.next();
            out.print(" " + word);
        }
    %>
</FONT>
</BODY>
</HTML>
```

实验2　JSP 指令标记

1. 相关知识点

include 指令标记：<%@ include file= "文件的 URL " %>的作用是在 JSP 页面出现该指令的位置处，静态插入一个文件。被插入的文件必须是可访问和可使用的，如果该文件和当前 JSP 页面在同一 Web 服务目录中，那么"文件的 URL"就是文件的名字；如果该文件在 JSP 页面所在 Web 服务目录的一个子目录中，例如 fileDir 子目录中，那么"文件的 URL"就是"fileDir/文件的名字"。include 指令标记是在编译阶段就处理所需要的文件，被处理的文件在逻辑和语法上依赖于当前 JSP 页面，其优点是页面的执行速度快。

2. 实验目的

本实验的目的是让学生掌握怎样在 JSP 页面中使用 include 指令标记在 JSP 页面中静态插入一个文件的内容。

3. 实验要求

该实验要求使用 include 指令标记使得每个页面都包含有导航条。在进行实验之前，将名字是 leader.txt 的文件保存到本实验所使用的 web 服务目录中。leader.txt 的内容如下：

leader.txt

```
<%@ page contentType = "text/html;charset = GB2312" %>
<a href = "first.jsp"> 链接到页面 1 </a>
<a href = "second.jsp"> 链接到页面 2 </a>
<a href = "third.jsp"> 链接到页面 3 </a>
```

实验要求编写 3 个 JSP 页面，具体要求如下。

1) first.jsp 的具体要求

first.jsp 使用 include 指令静态插入 leader.txt 文本文件。

2) second.jsp 的具体要求

second.jsp 使用 include 指令静态插入 leader.txt 文件。

3) third.jsp 的具体要求

third.jsp 使用 include 指令静态插入 leader.txt。

4. JSP 页面效果示例

first.jsp 的效果如图 2-3 所示。

second.jsp 的效果如图 2-4 所示。

third.jsp 的效果如图 2-5 所示。

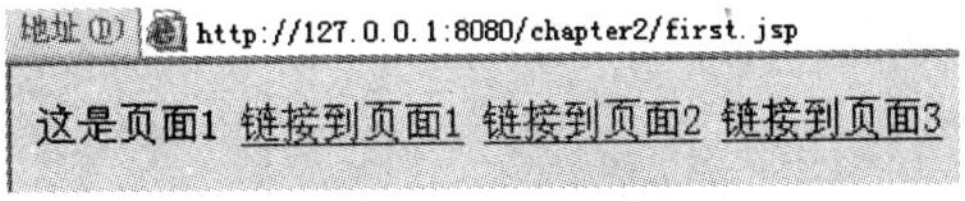

地址(D) http://127.0.0.1:8080/chapter2/first.jsp

这是页面1 链接到页面1 链接到页面2 链接到页面3

图 2-3　first.jsp 页面中的导航条

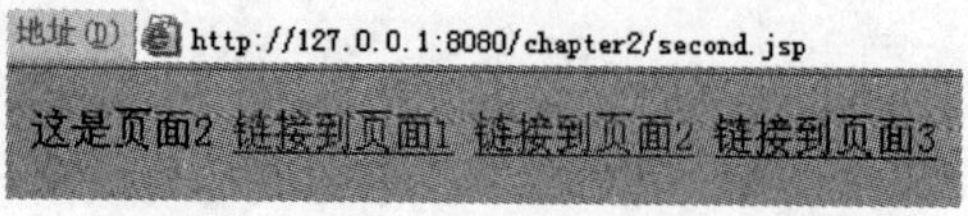

图 2-4　second.jsp 页面中的导航条

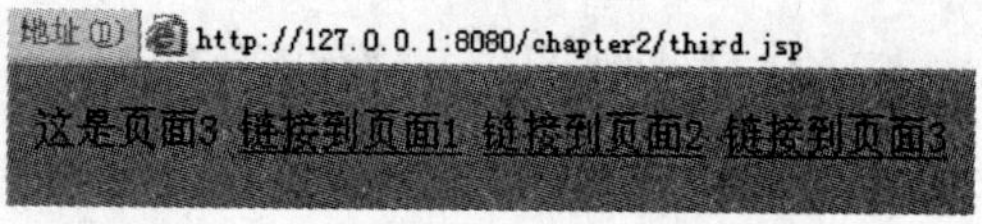

图 2-5　third.jsp 页面中的导航条

5. 参考代码

可以按照实验要求,参考本代码编写自己的实验代码。

JSP 页面参考代码如下。

first.jsp

```
<%@ page contentType="text/html;charset=GB2312" %>
<HTML>
 <BODY  BGCOLOR=yellow>
   <P>这是页面 1
   <%@include file="leader.txt" %>
 </BODY>
</HTML>
```

second.jsp

```
<%@ page contentType="text/html;charset=GB2312" %>
<HTML>
 <BODY  BGCOLOR=cyan>
   <P>这是页面 2
   <%@include file="leader.txt" %>
 </BODY>
</HTML>
```

third.jsp

```
<%@ page contentType="text/html;charset=GB2312" %>
<HTML>
 <BODY  BGCOLOR=green>
   <P>这是页面 3
   <%@include file="leader.txt" %>
 </BODY>
</HTML>>
```

实验 3　JSP 动作标记

1. 相关知识点

include 动作标记:<jsp:include page= "文件的 URL"/>是在 JSP 页面运行时才处理加载的文件,被加载的文件在逻辑和语法上独立于当前 JSP 页面。include 动作标记可以使用 param 子标记向被加载的 JSP 文件传递信息。

forward 动作标记<jsp:forward page="要转向的页面" />作用是从该指令处停止当前页面的继续执行,而转向执行 page 属性指定的 JSP 页面。forward 标记可以使用 param

动作标记作为子标记，以便向要转向的 JSP 页面传送信息。

2. 实验目的

本实验的目的是让学生掌握怎样在 JSP 页面中使用 include 标记动态加载文件，使用 forward 实现页面的转向。

3. 实验要求

编写 3 个 JSP 页面：giveFileName. jsp、readFile. jsp 和 error. jsp。

1）giveFileName. jsp 的具体要求

要求 giveFileName. jsp 页面使用 include 动作标记动态加载 readFile. jsp 页面，并将一个文件的名字比如 ok. txt 传递给被加载的 readFile. jsp 页面。

2）readFile. jsp 的具体要求

要求 readFile. jsp 负责根据 giveFileName. jsp 页面传递过来的文件名字进行文件的读取操作，如果该文件不存在就使用 forward 动作标记将用户转向 error. jsp 页面。

3）error. jsp 的具体要求

负责显示错误信息。

4. JSP 页面效果示例

giveFileName. jsp 的效果如图 2-6 所示。

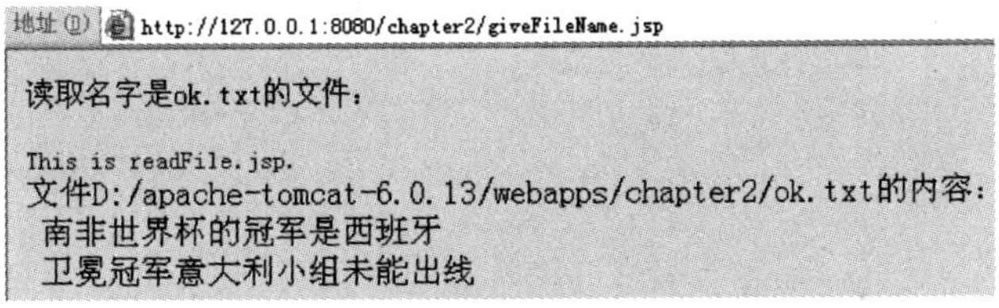

地址(D) http://127.0.0.1:8080/chapter2/giveFileName.jsp

读取名字是ok.txt的文件：

This is readFile.jsp.
文件D:/apache-tomcat-6.0.13/webapps/chapter2/ok.txt的内容：
南非世界杯的冠军是西班牙
卫冕冠军意大利小组未能出线

图 2-6　使用 include 动作标记加载 readFile. jsp

readFile. jsp 的效果如图 2-7 所示。

error. jsp 的效果如图 2-8 所示。

This is readFile.jsp.
文件D:/apache-tomcat-6.0.13/webapps/chapter2/ok.txt的内容：
南非世界杯的冠军是西班牙
卫冕冠军意大利小组未能出线

图 2-7　根据文件名字读取文件的内容

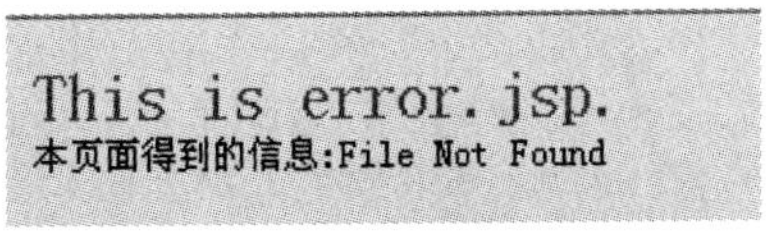

This is error.jsp.
本页面得到的信息:File Not Found

图 2-8　显示错误信息

5. 参考代码

可以按照实验要求，参考本代码编写自己的实验代码。

JSP 页面参考代码如下。

giveFileName. jsp

```
<%@ page contentType = "text/html;charset = GB2312" %>
<HTML>
<BODY bgcolor = yellow>
    读取名字是 ok.txt 的文件:
      <jsp:include page = "readFile.jsp">
```

```
        <jsp:param name = "file" value = "D:/apache - tomcat - 6.0.13/webapps/chapter2/ok.txt"/>
    </jsp:include>
</BODY>
</HTML>
```


readFile. jsp

```
<%@ page contentType = "text/html;charset = GB2312" %>
<%@ page import = "java.io.*" %>
<HTML>
 <BODY bgcolor = cyan>
 <P><Font size = 2 color = blue>
    This is readFile.jsp.
    </Font>
  <Font size = 4>
  <%
     String s = request.getParameter("file");
     File f = new File(s);
     if(f.exists()){
        out.println("<BR>文件" + s + "的内容: ");
        FileReader in = new FileReader(f);
        BufferedReader bIn = new BufferedReader(in);
        String line = null;
        while((line = bIn.readLine())!= null){
             out.println("<br>" + line);
        }
     }
     else {
      %>
        <jsp:forward page = "error.jsp" >
           <jsp:param name = "mess" value = "File Not Found" />
         </jsp:forward>
     <%
     }
      %>
  </FONT>
  </BODY>
</HTML>
```

error. jsp

```
<%@ page contentType = "text/html;charset = GB2312" %>
<HTML>
<BODY bgcolor = yellow>
 <P><Font size = 5 color = red>
    This is error.jsp.
    </Font>
 <Font size = 2>
 <%
    String s = request.getParameter("mess");
    out.println("<BR>本页面得到的信息:" + s);
  %>
 </FONT>
</BODY>
</HTML>
```

第3章　Tag文件与Tag标记(实验)

要求在webapps目录下新建一个Web服务目录chapter3。除特别要求外，本章实验所涉及的JSP页面均保存在chapter3中；Tag文件保存在chapter3\WEB-INF\tags目录中。

实验1　使用标记体

1. 相关知识点

Tag文件是扩展名为.tag的文本文件，其结构几乎和JSP文件相同。一个Tag文件中可以有普通的HTML标记符、某些特殊的指令标记、成员变量和方法、Java程序片和Java表达式。JSP页面使用Tag标记动态执行一个Tag文件。当JSP页面调用一个Tag文件时希望动态地向Tag文件传递信息，那么就可以使用带有标记体的Tag标记来执行一个Tag文件，Tag标记中的“标记体”就会传递给相应的Tag文件。标记体由Tag文件的<jsp:doBody/>标记负责处理，即<jsp:doBody />标记被替换成处理“标记体”后所得到的结果。

2. 实验目的

本实验的目的是让学生灵活掌握在Tag标记中使用标记体。

3. 实验要求

编写一个JSP页面giveMess.jsp和一个Tag文件handleMess.tag。JSP页面通过调用Tag文件在表格中的单元格显示文本，该JSP页面通过使用标记体将要显示的文本传递给被调用的Tag文件。

1）giveMess.jsp的具体要求

要求giveMess.jsp页面使用带标记体的Tag标记来调用Tag文件，其中标记体是一行文本，如下所示：

```
< ok:handleMess >
      南非世界杯
</ok:handleMess >
```

2）handleMess.tag的具体要求

handleMess.tag使用<jsp:doBody/>处理标记体，将标记体给出的文本显示在表格的单元格中。要求表格每行有3个单元，重复显示标记体给出的文本。

4. JSP页面效果示例

giveMess.jsp的效果如图3-1所示。

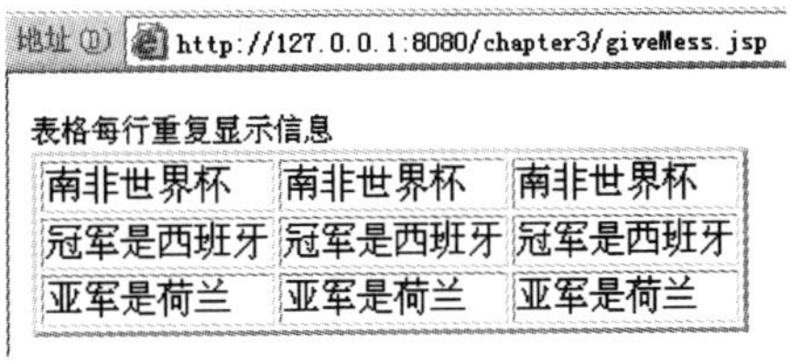

地址(D) http://127.0.0.1:8080/chapter3/giveMess.jsp

表格每行重复显示信息

南非世界杯	南非世界杯	南非世界杯
冠军是西班牙	冠军是西班牙	冠军是西班牙
亚军是荷兰	亚军是荷兰	亚军是荷兰

图3-1　使用带标记体的Tag标记

5. 参考代码

可以按照实验要求,参考本代码编写自己的实验代码。

1) JSP 页面参考代码

giveMess.jsp

```
<%@ page contentType = "text/html;Charset = GB2312" %>
<%@ taglib tagdir = "/WEB - INF/tags" prefix = "ok" %>
<html>
  <body>
  <Font size = 2 color = blue>表格每行重复显示信息</font>
  <table border = 2>
     <ok:handleMess>
        南非世界杯
     </ok:handleMess>
     <ok:handleMess>
        冠军是西班牙
     </ok:handleMess>
     <ok:handleMess>
        亚军是荷兰
     </ok:handleMess>
  </table>
  </body>
</html>
```

2) Tag 文件参考代码

handleMess.Tag

```
<tr>
     <td><jsp:doBody/></td>
     <td><jsp:doBody/></td>
     <td><jsp:doBody/></td>
</tr>
```

实验 2　使用 attribute 指令

1. 相关知识点

一个 Tag 文件中通过使用 attribute 指令:

```
<%@ attribute name = "对象名字" required = "true"|"false" type = "对象的类型" %>
```

使得 JSP 页面在调用 Tag 文件时,可以向该 Tag 文件中的对象传递一个引用,方式如下:

```
<前缀: Tag 文件名字 对象名字 = "对象的引用" />
```

或

```
<前缀: Tag 文件名字 对象名字 = "对象的引用" >
        标记体
```

</前缀: Tag文件名字>

2. 实验目的

本实验的目的是让学生灵活掌握在Tag标记中使用attribute指令。

3. 实验要求

编写一个ShowCalendar.tag,该Tag文件负责显示日历。编写一个JSP页面giveYearMonth.jsp,该JSP页面使用Tag标记调用ShowCalendar.tag文件,并且向ShowCalendar.tag文件传递年份和月份。

1) giveYearMonth.jsp的具体要求

giveYearMonth.jsp通过Tag标记调用ShowCalendar.tag文件,并向该Tag文件传递年份和月份。

2) ShowCalendar.tag的具体要求

该Tag文件根据JSP页面传递过来的年份和月份来显示日历。要求该Tag文件能对JSP页面传递过来的数据进行判断,比如JSP页面传递过来的数据不是数值型数据,Tag文件负责显示错误信息。

4. JSP页面效果示例

giveYearMonth.jsp的效果如图3-2所示。

地址(D) http://127.0.0.1:8080/chapter3/giveYearMonth.jsp

调用Tag文件来显示日历.

2012年12月的日历:

星期日	星期一	星期二	星期三	星期四	星期五	星期六
--	--	--	--	--	--	1
2	3	4	5	6	7	8
9	10	11	12	13	14	15
16	17	18	19	20	21	22
23	24	25	26	27	28	29
30	31	--	--	--	--	--

图3-2 调用Tag文件并向其传递年份和月份

5. 参考代码

可以按照实验要求,参考本代码编写自己的实验代码。

1) JSP页面参考代码

giveYearMonth.jsp

```
<%@ page contentType = "text/html;charset = GB2312" %>
<%@ taglib tagdir = "/WEB-INF/tags" prefix = "rili" %>
<HTML>
<BODY>
    <P>调用Tag文件来显示日历.
    <rili:ShowCalendar year = "2012" month = "12" />
</BODY>
```

```
</HTML>
```

2) Tag 文件参考代码

ShowCalendar. Tag


```
<%@ tag pageEncoding = "GB2312" %>
<%@ tag import = "java.util.*" %>
<%@ attribute name = "year" required = "true" %>
<%@ attribute name = "month" required = "true" %>
<%
  int y = 1999,m = 1;
  String [] day = new String[42];
  try {
    y = Integer.parseInt(year);
    m = Integer.parseInt(month);
    Calendar rili = Calendar.getInstance();
    rili.set(y,m-1,1);//将日历翻到 year 年 month 月 1 日,注意 0 表示 1 月……11 表示 12 月
    int 星期几 = rili.get(Calendar.DAY_OF_WEEK) - 1;
    int dayAmount = 0;
    if(m == 1||m == 3||m == 5||m == 7||m == 8||m == 10||m == 12)
       dayAmount = 31;
    if(m == 4||m == 6||m == 9||m == 11)
       dayAmount = 30;
    if(m == 2)
       if(((y % 4 == 0)&&(y % 100!= 0))||(y % 400 == 0))
         dayAmount = 29;
       else
         dayAmount = 28;
    for(int i = 0;i <星期几;i++)
         day[i] = " -- ";
    for(int i = 星期几,n = 1;i <星期几 + dayAmount;i++){
       day[i] = String.valueOf(n) ;
       n++;
    }
    for(int i = 星期几 + dayAmount;i < 42;i++)
      day[i] = " -- ";
  }
  catch(Exception exp){
    out.print("年份或月份不合理");
  }
 %>
<h3><% = year %>年<% = month %>月的日历:</h3>
<table border = 1>
  <tr><th>星期日</th><th>星期一</th><th>星期二</th><th>星期三</th><th>星期四
</th><th>星期五</th><th>星期六</th>
  </tr>
<%   for(int n = 0;n < day.length;n = n + 7){
 %>     <tr>
<%        for(int i = n;i < 7 + n;i++) {
 %>            <td><% = day[i] %></td>
<%        }
```

```
%>
        </tr>
<%  }
%>
</table>
```

实验3　使用 variable 指令

1. 相关知识点

Tag 文件可以把一个对象返回给调用它的 JSP 页面。步骤如下。

(1) Tag 文件使用 variable 指令给出返回对象的名字、类型和有效范围：

```
<%@ variable name-given="对象名字" variable-class="对象的类型" scope="有效范围" %>
```

(2) 将返回对象的引用和名字存储在内置对象 jspContext 中：

```
jspContext.setAttribute("对象名字",对象的引用);
```

2. 实验目的

本实验的目的是让学生灵活掌握在 Tag 标记中使用 variable 指令。

3. 实验要求

编写一个 Tag 文件 GetWord.tag，负责分解出字符串中的全部单词，并将分解出的全部单词返回给调用该 Tag 文件的 JSP 页面。编写一个 JSP 页面 giveString.jsp，页面负责向 Tag 文件传递一个由英文单词构成的字符串，并负责显示 Tag 文件返回的全部单词。

1) giveString.jsp 的具体要求

giveString.jsp 通过 Tag 标记调用 GetWord.tag 文件，并向 Tag 文件传递一个由英文单词构成的字符串。giveString.jsp 负责显示 Tag 文件 GetWord.tag 返回的全部单词。

2) GetWord.tag 的具体要求

要求 Tag 文件 GetWord 使用 attibute 指令得到 JSP 页面传递过来的字符串，使用 variable 指令返回全部的单词。

4. JSP 页面效果示例

giveString.jsp 的效果如图 3-3 所示。

5. 参考代码

可以按照实验要求，参考本代码编写代码。

1) JSP 页面参考代码

giveString.jsp

```
<%@ page contentType="text/html;Charset=GB2312" %>
<%@ taglib tagdir="/WEB-INF/tags" prefix="words" %>
<HTML>
 <% String s="South Africa World Cup(Espana is champion)";
 %>
  <BODY color=cyan>
      <words:GetWord str="<%=s %>"/>
```

```
    字符串:<br><h3><%=s%><br></h3>中的全部单词:
    <%
        for(int i=0;i<wordList.size();i++){
          out.print("<br>"+wordList.get(i));
        }
     %>
</BODY></HTML>
```

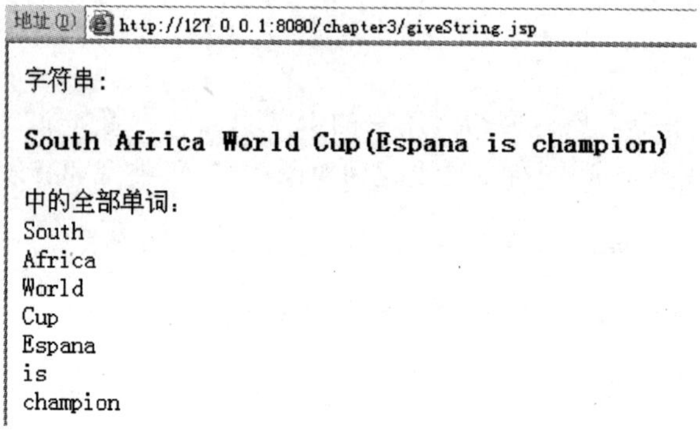

地址(D) http://127.0.0.1:8080/chapter3/giveString.jsp

字符串:

South Africa World Cup(Espana is champion)

中的全部单词:
South
Africa
World
Cup
Espana
is
champion

图 3-3 使用 variable 指令

2) Tag 文件参考代码

GetWord. Tag

```
<%@ tag import="java.util.*" %>
<%@ attribute name="str" required="true" %>
<%@ variable name-given="wordList" variable-class="java.util.ArrayList" scope="AT_
END" %>
<%
        //返回给 JSP 页面的 list 对象
        ArrayList<String> list=new ArrayList<String>();
        //空格、数字和符号(!"#$%&'()*+,-./:;<=>?@[\]^_`{|}~)组成的正则表达式
        String regex="[\\s\\d\\p{Punct}]+";
        String words[]=str.split(regex);
        for(int i=0;i<words.length;i++){
          list.add(words[i]);
        }
        jspContext.setAttribute("wordList",list);            //将 list 对象返回给 JSP 页面
%>
```

第 4 章 JSP 内置对象(实验)

要求在 webapps 目录下新建一个 Web 服务目录 chapter4。除特别要求外,本章实验所涉及的 JSP 页面均保存在 chapter4 中;Tag 文件保存在 chapter4\WEB-INF\tags 目录中。

实验 1 request 对象

1. 相关知识点

HTTP 通信协议是客户机与服务器之间一种提交(请求)信息与响应信息(request/response)的通信协议。在 JSP 中,内置对象 request 封装了用户提交的信息,那么该对象调用相应的方法可以获取封装的信息,即使用该对象可以获取用户提交的信息。

2. 实验目的

本实验的目的是让学生掌握怎样在 JSP 中使用内置对象 request。

3. 实验要求

通过 JSP 页面和 Tag 文件实现数字的四则运算,要求编写两个 JSP 页面 inputNumber.jsp 和 receiveNumber.jsp 及一个 Tag 文件 Computer.tag。receiveNumber.jsp 使用内置对象接收 inputNumber.jsp 页面提交的数据,然后将计算任务交给 Tag 文件 Computer.tag 去完成。

1) inputNumber.jsp 的具体要求

inputNumber.jsp 页面提供一个表单,用户可以通过表单输入两个数、选择四则运算符号并将输入的两个数和所选择的运算符号提交给 receiveNumber.jsp 页面。

2) receiveNumber.jsp 的具体要求

receiveNumber.jsp 使用内置对象接收 inputNumber.jsp 页面提交的数据,然后将计算任务交给 Tag 文件 Computer.tag 去完成。

3) Computer.tag 的具体要求

要求 Computer.tag 使用 attribute 指令得到 receiveNumber.jsp 页面传递过来的数和运算符号,使用 variable 指令将计算结果返回给 receiveNumber.jsp 页面。

4. JSP 页面效果示例

inputNumber.jsp 的效果如图 4-1 所示。

receiveNumber.jsp 的效果如图 4-2 所示。

5. 参考代码

可以按照实验要求,参考本代码编写代码。

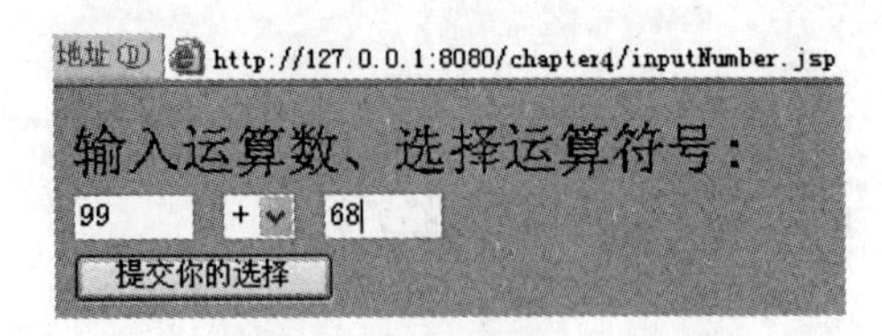

图 4-1 输入数据的 JSP 页面

地址(D) http://127.0.0.1:8080/chapter4/receiveNumber.jsp

计算结果：99+68=167.0 返回输入数据界面

图 4-2 计算并显示结果的 JSP 页面

1) JSP 页面参考代码

inputNumber.jsp

```
<%@ page contentType = "text/html;charset = GB2312" %>
<HTML>
<BODY bgcolor = cyan>
  <Font size = 5>
  <FORM action = "receiveNumber.jsp" method = post name = form>
    输入运算数、选择运算符号:<br>
    <Input type = text name = "numberOne" size = 6>
         <Select name = "operator" >
          <Option value = " + "> +
          <Option value = " - "> -
          <Option value = " * "> *
          <Option value = "/">/
          </Select>
    <Input type = text name = "numberTwo"  size = 6>
    <BR><INPUT TYPE = "submit" value = "提交你的选择" name = "submit">
  </FORM>
</Font>
</BODY>
</HTML>
```

receiveNumber.jsp

```
<%@ page contentType = "text/html;charset = GB2312" %>
<%@ taglib tagdir = "/WEB-INF/tags" prefix = "computer" %>
<%
    String a = request.getParameter("numberOne");
    String b = request.getParameter("numberTwo");
    String operator = request.getParameter("operator");
    if(a == null||b == null) {
      a = "";
      b = "";
    }
    if(a.length()> 0&&b.length()> 0) {
%>
     < computer:Computer numberA = "<% = a %>" numberB = "<% = b %>" operator = "<% = 
operator %>"/>
     计算结果:<% = a %><% = operator %><% = b %>=<% = result %>
<% }
%>
  <a href = inputNumber.jsp>返回输入数据界面</a>
```

2) Tag 文件参考代码

Computer. Tag

```
<%@ tag pageEncoding = "gb2312" %>
<%@ attribute name = "numberA" required = "true"  %>
<%@ attribute name = "numberB" required = "true"  %>
<%@ attribute name = "operator" required = "true"  %>
<%@ variable name - given = "result" scope = "AT_END"  %>
<%   try
      {    double a = Double.parseDouble(numberA);
           double b = Double.parseDouble(numberB);
           double r = 0;
           if(operator.equals(" + ")) {
              r = a + b;
           }
           else if(operator.equals(" - ")) {
              r = a - b;
           }
           else if(operator.equals(" * ")) {
              r = a * b;
           }
           else if(operator.equals("/")) {
              r = a/b;
           }
           jspContext.setAttribute("result",String.valueOf(r));
      }
      catch(Exception e) {
           jspContext.setAttribute("result","发生异常:" + e);
      }
%>
```

实验 2　response 对象

1. 相关知识点

response 对象对客户的请求做出动态响应，向客户端发送数据。response 对象调用 setContentType(String s)方法可以动态改变响应的 contentType 属性的值。response 对象调用 addHeader(String head,String value)方法可以动态改变响应头和头的值。response 对象调用 setStatus(int n)方法可以动态改变响应的状态行的内容。response 对象调用 sendRedirect(URL url)方法可以实现用户的重定向。

2. 实验目的

本实验的目的是让学生掌握怎样使用 response 对象动态响应用户的请求。

3. 实验要求

编写两个 JSP 页面 inputRadius. jsp 和 drawCircle. jsp。inputRadius. jsp 页面提交圆的半径给 drawCircle. jsp 页面，drawCircle. jsp 页面使用 response 对象做出动态响应。

1) inputRadius.jsp 的具体要求

inputRadius.jsp 提供表单,用户在表单中输入一个代表圆的半径的数字,提交给 drawCircle.jsp 页面。

2) drawCircle.jsp

drawCircle.jsp 页面首先使用 request 对象获得 inputRadius.jsp 页面提交的数字,然后根据数字的大小做出不同的响应。如果数字小于等于 0 或大于 100,response 对象调用 setContentType(String s)方法将 contentType 属性的值设置为 text/plain,同时输出"半径不合理";如果数字大于 0 并且小于等于 100,response 对象调用 setContentType(String s)方法将 contentType 属性的值设置为 image/jpeg,并绘制一个圆;如果用户在 inputRadius.jsp 页面输入了非数字,response 对象调用 sendRedirect(URL url)方法将用户重定向到 inputRadius.jsp 页面。

4. JSP 页面效果示例

inputRadius.jsp 的效果如图 4-3 所示。

drawCircle.jsp 的效果如图 4-4 所示。

图 4-3 输入半径

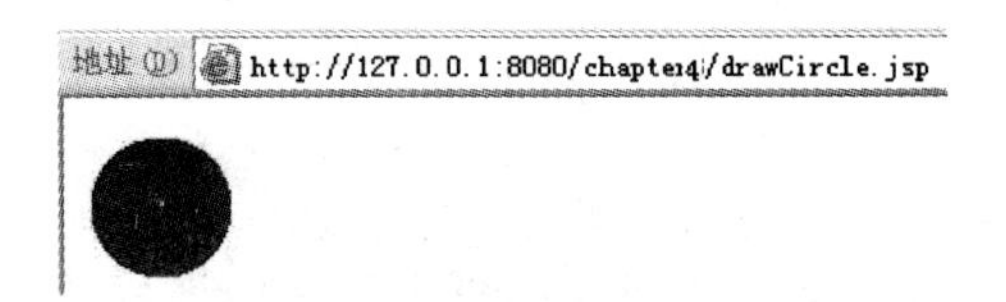

图 4-4 绘制圆

5. 参考代码

可以按照实验要求,参考本代码编写代码。

JSP 页面参考代码如下:

inputRadius.jsp

```
<%@ page contentType = "text/html;charset = GB2312" %>
<HTML>
<BODY bgcolor = yellow>
  <Font size = 2>
  <FORM action = "drawCircle.jsp" method = post name = form>
    输入圆的半径:<Input type = text name = "radius" size = 6>
   <INPUT TYPE = "submit" value = "提交" name = "submit">
  </FORM>
</Font>
</BODY>
</HTML>
```

drawCircle.jsp

```
<%@ page contentType = "text/html;charset = GB2312" %>
<%@ page import = "java.awt.*" %>
<%@ page import = "java.io.*" %>
<%@ page import = "java.awt.image.*" %>
<%@ page import = "java.awt.geom.*" %>
```

```
<%@ page import = "com.sun.image.codec.jpeg.*" %>
<HTML>
<BODY bgcolor = yellow><Font size = 3>
<% String R = request.getParameter("radius");
    try
    {  double number = Double.parseDouble(R);
       if(number <= 0||number > 100) {
           //改变 MIME 类型
           response.setContentType("text/plain;charset = GB2312");
           out.println(number + "作为圆的半径不合理");
       }
       else if(number > 0&&number <= 100) {
            response.setContentType("image/jpeg");                    //改变 MIME 类型
            int width = 100, height = 100;
            BufferedImage image =
            new BufferedImage(width,height,BufferedImage.TYPE_INT_RGB);
            Graphics g  =  image.getGraphics();
            g.setColor(Color.white);
            g.fillRect(0, 0, width, height);
            Graphics2D g_2d = (Graphics2D)g;
            Ellipse2D circle = new Ellipse2D. Double (0,0,number,number);
            g_2d.setColor(Color.blue);
            g_2d.fill(circle);                                        //绘制一个圆
            g.dispose();
            //获取指向用户端的输出流
            OutputStream outClient =  response.getOutputStream();
            JPEGImageEncoder encoder = JPEGCodec.createJPEGEncoder(outClient);
            encoder.encode(image);
       }
    }
    catch(Exception e){
           response.sendRedirect("inputRadius.jsp");
    }
%>
</FONT>
</BODY>
</HTML>
```

实验 3　session 对象

1. 相关知识点

HTTP 是一种无状态协议。一个客户向服务器发出请求(request),然后服务器返回响应(respons),连接就被关闭。所以,Tomcat 服务器必须使用内置 session 对象(会话)记录有关连接的信息。同一个客户在某个 Web 服务目录中的 session 是相同的;同一个客户在不同的 Web 服务目录中的 session 是互不相同的;不同用户的 session 是互不相同的。一个用户在某个 Web 服务目录的 session 对象的生存期限依赖于客户是否关闭浏览器,依赖于 session 对象是否调用 invalidate()方法使得 session 无效或 session 对象达到了设置的最长的“发呆”时间。

2. 实验目的

本实验的目的是让学生掌握怎样使用 session 对象存储和用户有关的数据。

3. 实验要求

使用 session 对象模拟购物车。编写两个 JSP 页面 choiceBook.jsp 和 orderForm.jsp。

1) choiceBook.jsp 的具体要求

用户在 choiceBook.jsp 页面通过超链接将自己要购买的图书信息传递到 orderForm.jsp 页面。

2) orderForm.jsp 的具体要求

orderForm.jsp 页面将用户购买的图书信息存储到 session 对象中,然后生成一个图书订单并显示给用户。

4. JSP 页面效果示例

choiceBook.jsp 的效果如图 4-5 所示。

orderForm.jsp 的效果如图 4-6 所示。

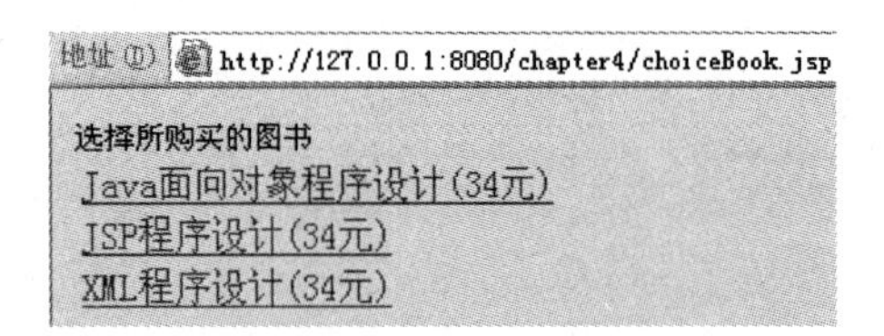

图 4-5 选择图书

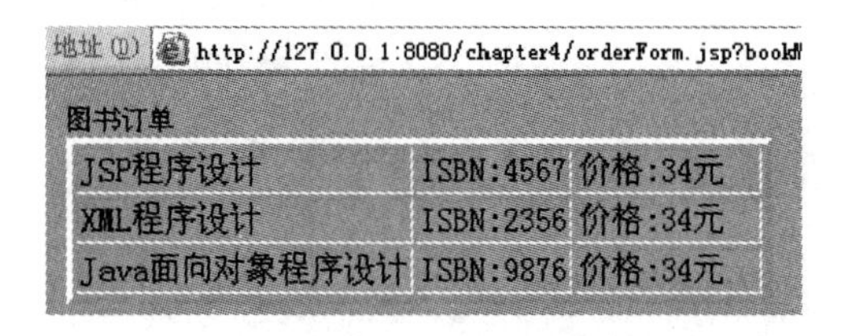

图 4-6 显示订单

5. 参考代码

可以按照实验要求,参考本代码编写代码。

JSP 页面参考代码如下。

choiceBook.jsp

```
<%@ page contentType = "text/html;Charset = GB2312" %>
<HTML>
<BODY bgcolor = yellow>
<Font size = 2>
<P>选择所购买的图书
<table>
    <tr><td><A href = "orderForm.jsp?bookMess = Java 面向对象程序设计@ISBN:9876@价格:
34 元">
            Java 面向对象程序设计(34 元)
            </A>
        </td>
      </tr>
      <tr><td><A href = "orderForm.jsp?bookMess = JSP 程序设计@ISBN:4567@价格:34 元">
             JSP 程序设计(34 元)
             </A>
        </td>
      </tr>
```

```
    <tr><td><A href="orderForm.jsp?bookMess=XML程序设计@ISBN:2356@价格:34元">
                XML程序设计(34元)
                </A>
            </td>
    </tr>
</table>
</Font>
</BODY>
</HTML>
```

orderForm.jsp

```
<%@ page contentType="text/html;Charset=GB2312" %>
<%@ page import="java.util.*" %>
<%
    String book=request.getParameter("bookMess");
    if(book!=null){
      StringTokenizer fenxi=new StringTokenizer(book,"@");
      String bookName=fenxi.nextToken();
      String bookISBN=fenxi.nextToken();
      session.setAttribute(bookISBN,book);
    }
%>
<HTML>
<BODY bgcolor=cyan>
<Font size=2>
<P>图书订单
<table border=3>
<%
     Enumeration keys=session.getAttributeNames();
     while(keys.hasMoreElements()){
          String key=(String)keys.nextElement();
          book=(String)session.getAttribute(key);
          if(book!=null){
          StringTokenizer fenxi=new StringTokenizer(book,"@");
%>           <tr><td><%=fenxi.nextToken()%></td>
               <td><%=fenxi.nextToken()%></td>
               <td><%=fenxi.nextToken()%></td>
             </tr>
<%        }
     }
%>
```

第5章　JSP中的文件操作(实验)

要求在webapps目录下新建一个Web服务目录chapter5。除特别要求外,本章实验所涉及的JSP页面均保存在chapter5中,Tag文件保存在chapter5\WEB-INF\tags目录中。

实验1　使用文件字节流读/写文件

1. 相关知识点

FileInputStream流以字节(byte)为单位顺序地读取文件,只要不关闭流,每次调用read方法就顺序地读取源中其余的内容,直到源的末尾或流被关闭。

FileOutStream流以字节(byte)为单位顺序地写文件,只要不关闭流,每次调用writer方法就顺序地向输出流写入内容。

2. 实验目的

本实验的目的是让学生掌握使用文件输入、输出字节流读写文件。

3. 实验要求

编写4个JSP页面giveContent.jsp、writeContent.jsp、lookContent.jsp和readContent.jsp,两个Tag文件WriteTag.tag和ReadTag.tag。

1) giveContent.jsp的具体要求

giveConten.jsp页面提供一个表单,要求该表单提供一个text文本输入框、select下拉列表和一个TextArea文本区,用户可以在text输入框中输入文件的名字,在select下拉列表选择一个目录(下拉列表的选项必须是Tomcat服务器所驻留计算机上的目录),通过TextArea输入多行文本。单击表单的"提交"按钮将text中输入的文件名字、select下拉列表中选中的目录及TextArea文本区中的内容提交给writeContent.jsp页面。

2) writeContent.jsp的具体要求

writeContent.jsp页面首先获得giveConten.jsp页面提交的文件所在目录、名字及TextArea文本区中的内容,然后使用Tag标记调用Tag文件WriteTag.tag,并将文件所在目录、名字及TextArea文本区中的内容传递给WriteTag.tag。

3) lookContent.jsp的具体要求

lookContent.jsp页面提供一个表单,该表单提供两个text文本输入框,用户可以在这两个text文本框中输入目录和文件名字。单击表单的"提交"按钮将text中输入的文件目录及文件名字提交给readContent.jsp页面。

4) readContent.jsp的具体要求

readContent.jsp页面首先获得lookConten.jsp页面提交的文件目录、名字,然后使用

Tag 标记调用 Tag 文件 ReadTag. tag，并将文件所在目录、名字传递给 ReadTag. tag。

5）WriteTag. tag 的具体要求

WriteTag. tag 文件使用 attribute 指令获得 writeContent. jsp 页面传递过来的文件目录、文件名字和文件内容，然后使用文件字节输出流将文件内容写入到文件中，该文件所在目录就是 writeContent. jsp 页面传递过来的文件目录，名字就是 writeContent. jsp 页面传递过来的文件名字。

6）ReadTag. tag 的具体要求

Read. tag 文件使用 attribute 指令获得 readContent. jsp 页面传递过来的文件目录和文件名字，然后使用文件字节输入流读取文件，并负责显示所读取的内容。

4. JSP 页面效果示例

giveContent. jsp 的效果如图 5-1 所示。

writeContent. jsp 的效果如图 5-2 所示。

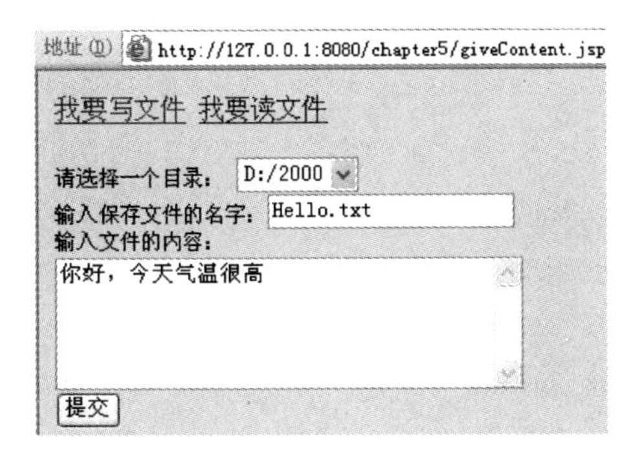

图 5-1 输入与写文件有关的信息

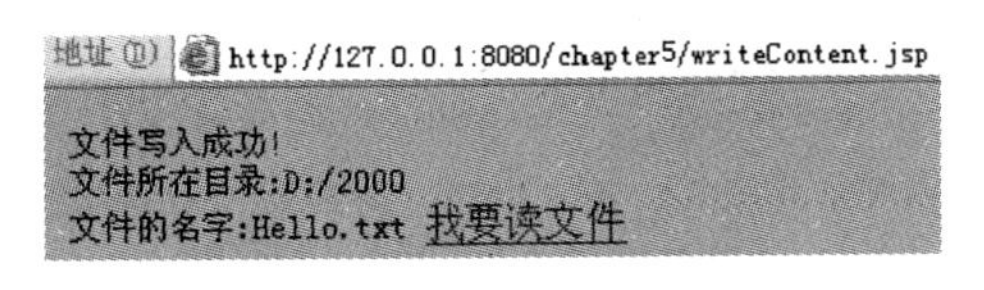

图 5-2 将有关内容写入到文件

lookContent. jsp 的效果如图 5-3 所示。

readContent. jsp 的效果如图 5-4 所示。

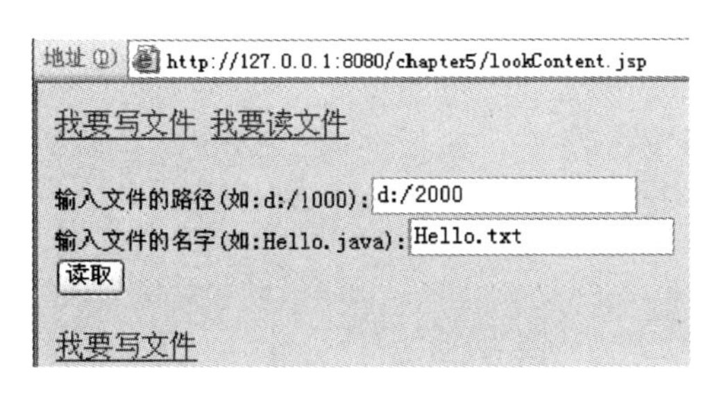

图 5-3 输入与读文件有关的信息

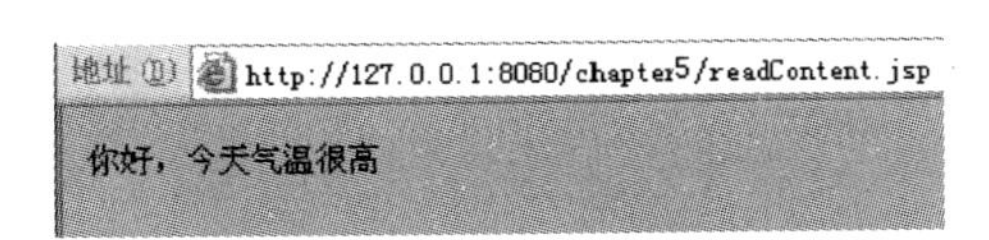

图 5-4 读取文件的内容

5. 参考代码

可以按照实验要求，参考本代码编写代码。

1）JSP 页面参考代码

giveContent. jsp

```
<%@ page contentType = "text/html;charset = GB2312" %>
<%@ taglib tagdir = "/WEB - INF/tags" prefix = "file" %>
```

```
<head>
  <A href = "giveContent.jsp">我要写文件</A>
  <A href = "lookContent.jsp">我要读文件</A>
</head>
<HTML>
<BODY bgcolor = yellow>
<Font size = 2>
  <FORM action = "writeContent.jsp" method = post>
     请选择一个目录:
     <Select name = "fileDir" >
       <Option value = "C:/1000"> C:/1000
         <Option value = "D:/2000"> D:/2000
         <Option value = "D:/1000"> D:/1000
       </Select>
   <BR>输入保存文件的名字: <Input type = text name = "fileName" >
   <BR>输入文件的内容: <BR>
        <TextArea name = "fileContent" Rows = "5" Cols = "38"></TextArea>
   <BR><Input type = submit value = "提交">
   </FORM>
   </FONT>
</BODY>
</HTML>
```

writeContent.jsp

```
<%@ page contentType = "text/html;charset = GB2312" %>
<%@ taglib tagdir = "/WEB-INF/tags" prefix = "file" %>
<HTML>
<BODY bgcolor = cyan>
<Font size = 2>
<%   String fileDir = request.getParameter("fileDir");
     String fileName = request.getParameter("fileName");
     String fileContent = request.getParameter("fileContent");
     byte c[] = fileContent.getBytes("iso-8859-1");
     fileContent = new String(c);
%>
<file:WriteTag fileDir = "<% = fileDir %>" fileName = "<% = fileName %>"
               fileContent = "<% = fileContent %>" />
</FONT>
<a href = "lookContent.jsp">我要读文件</a>
</BODY>
</HTML>
```

lookContent.jsp

```
<%@ page contentType = "text/html;charset = GB2312" %>
<head>
  <A href = "giveContent.jsp">我要写文件</A>
  <A href = "lookContent.jsp">我要读文件</A>
</head>
<HTML>
<BODY bgcolor = yellow>
```

```
  <Font size = 2 >
  <FORM action = "readContent.jsp" method = "post" name = "form">
     输入文件的路径(如:d:/1000):<INPUT type = "text" name = "fileDir">
    <BR>输入文件的名字(如:Hello.java):<INPUT type = "text" name = "fileName">
    <BR><INPUT type = "submit" value = "读取" name = "submit">
   </FORM>
   </Font>
<a href = "giveContent.jsp">我要写文件</a>
</BODY>
</HTML>
```

readContent.jsp

```
  <%@ page contentType = "text/html;charset = GB2312" %>
  <%@ taglib tagdir = "/WEB-INF/tags" prefix = "file" %>
  <HTML>
  <BODY bgcolor = cyan>
    <Font size = 2>
    <%  String fileDir = request.getParameter("fileDir");
        String fileName = request.getParameter("fileName");
     %>
    <file:ReadTag fileDir = "<% = fileDir %>" fileName = "<% = fileName %>"/>
  </FONT>
  </BODY>
  </HTML>
```

2) Tag 文件参考代码

WriteTag.tag

```
<%@ tag pageEncoding = "GB2312" %>
<%@ tag import = "java.io.*" %>
<%@ attribute name = "fileContent" required = "true" %>
<%@ attribute name = "fileDir" required = "true" %>
<%@ attribute name = "fileName" required = "true" %>
<%
     File f = new File(fileDir,fileName);
     try{
          FileOutputStream output = new FileOutputStream(f);
          byte bb[] = fileContent.getBytes();
          output.write(bb,0,bb.length);
          output.close();
          out.println("文件写入成功!");
          out.println("<br>文件所在目录:" + fileDir);
          out.println("<br>文件的名字:" + fileName);
     }
     catch(IOException e){
          out.println("文件写入失败" + e);
     }
 %>
```

ReadTag. tag

```
<%@ tag pageEncoding="GB2312" %>
<%@ tag import="java.io.*" %>
<%@ attribute name="fileDir" required="true" %>
<%@ attribute name="fileName" required="true" %>
<%
    File dir=new File(fileDir);
    File f=new File(dir,fileName);
    try{
        FileInputStream in=new FileInputStream(f);
        int m=-1;
        byte bb[]=new byte[1024];
        String content=null;
        while((m=in.read(bb))!=-1){
            content=new String(bb,0,m);
            out.println(content);
        }
        in.close();
    }
    catch(IOException e){
        out.println("文件读取失败"+e);
    }
%>
```

实验 2　使用文件字符流加密文件

1. 相关知识点

FileInputStream 流和 FileReader 流都顺序地读取文件，只要不关闭流，每次调用 read 方法就顺序地读取源中其余的内容，直到源的末尾或流被关闭；二者的区别是，FileInputStream 流以字节(byte)为单位读取文件，FileReader 流以字符(char)为单位读取文件。

FileOutStream 流和 FileWtiter 流顺序地写文件，只要不关闭流，每次调用 writer 方法就顺序地向输出流写入内容，直到流被关闭。二者的区别是，FileOutStream 流以字节(byte)为单位写文件，FileWriter 流以字符(char)为单位写文件。

2. 实验目的

本实验的目的是让学生掌握使用文件字符输入、输出流读写文件。

3. 实验要求

编写 3 个 JSP 页面 inputConten. jsp、write. jsp 和 read. jsp，两个 Tag 文件 Write. tag 和 Read. tag。

1) inputContent. jsp 的具体要求

inputConten. jsp 页面提供一个表单，要求该表单提供 TextArea 的输入界面，用户可以通过 TextArea 的输入界面输入多行文本提交给 write. jsp 页面。

2) write. jsp 的具体要求

write. jsp 页面调用一个 Tag 文件 Write. tag 将 inputConten. jsp 页面提交的文本信息

加密后写入到文件 save. txt 中。

3) read. jsp 的具体要求

read. jsp 页面提供一个表单，该表单提供两个单选按钮，名字分别是“读取加密的文件”和“读取解密的文件”，该页面选中的单选按钮的值提交给本页面。如果该页面提交的值是单选按钮“读取加密的文件”的值，该页面就调用 Tag 文件 Read. tag 读取文件 save. txt；如果该页面提交的值是单选按钮“读取解密的文件”的值，该页面就调用 Tag 文件 Read. tag 读取文件 save. txt，并解密该文件。read. jsp 页面负责显示 Read. tag 文件返回的有关信息。

4) Write. tag 的具体要求

Write. tag 文件使用 attribute 指令获得 write. jsp 页面传递过来的文本信息，并使用文件输出流将其写入到文件 save. txt。

5) Read. tag 的具体要求

Read. tag 文件使用文件输入流读取文件 save. txt，并根据 read. jsp 的要求决定是否进行解密处理，然后使用 variable 指令将有关信息返回给 read. jsp 页面。

4. JSP 页面效果示例

inputContent. jsp 的效果如图 5-5 所示。

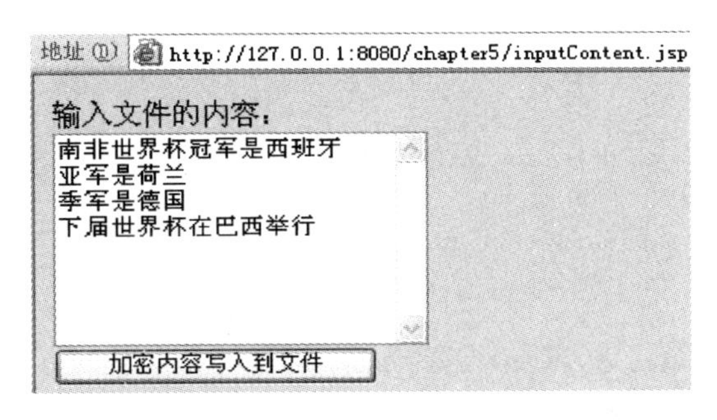

图 5-5　输入要加密的信息

write. jsp 的效果如图 5-6 所示。

read. jsp 的效果如图 5-7 所示。

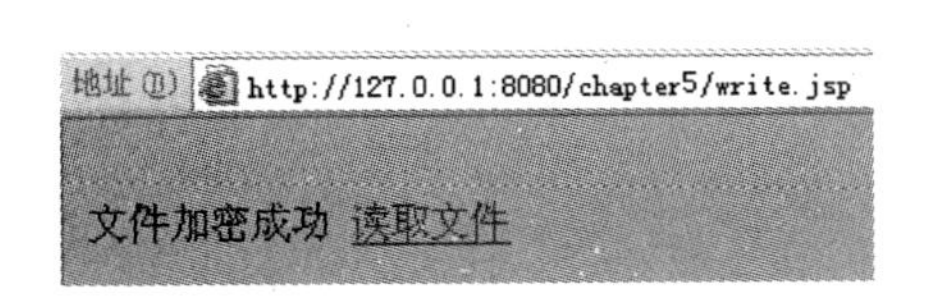

图 5-6　将信息加密后写入文件

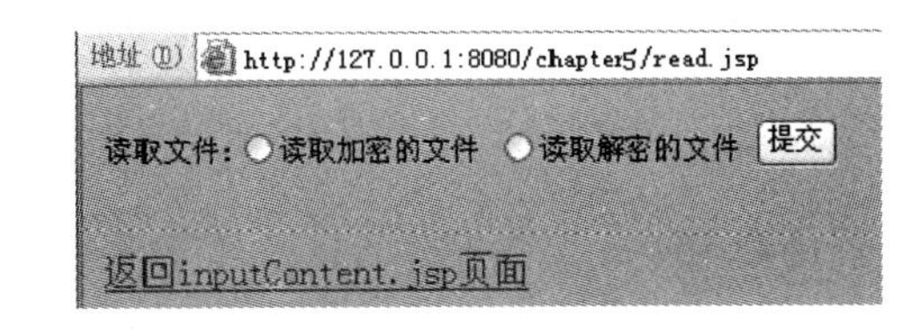

图 5-7　读取文件

5. 参考代码

可以按照实验要求，参考本代码编写代码。

1) JSP 页面参考代码

inputContent. jsp

```
<%@ page contentType = "text/html;charset = GB2312" %>
<%@ taglib tagdir = "/WEB - INF/tags" prefix = "file" %>
```

```
<HTML>
<BODY bgcolor = yellow>
<Font size = 3>
   <FORM action = "write.jsp" Method = "post" >
   输入文件的内容:
    <br>
    <TextArea name = "file" Rows = "8" Cols = "26" ></TextArea>
    <br>< Input type = submit value = "加密内容写入到文件">
    </FORM>
   <A href = "read.jsp">读取文件</A>
</FONT>
</BODY>
</HTML>
```

write.jsp

```
<%@ page contentType = "text/html;charset = GB2312" %>
<%@ taglib tagdir = "/WEB-INF/tags" prefix = "file" %>
<HTML>
<BODY bgcolor = cyan>
<Font size = 3>
<file:Write content = "ertert>" />
<%
    String str = request.getParameter("file");
    if(str == null) {
        str = "";
    }
    if(str.length()> 0) {
         byte bb[ ] = str.getBytes("iso-8859-1");
         str = new String(bb);
%>       <file:Write content = "<% = str %>" />
<%       out.print("<br>" + backMessage);
    }
%>
    <A href = "read.jsp">读取文件</A>
</FONT>
</BODY>
</HTML>
```

read.jsp

```
<%@ page contentType = "text/html;charset = GB2312" %>
<%@ taglib tagdir = "/WEB-INF/tags" prefix = "file" %>
<HTML>
<BODY bgcolor = cyan>
<Font size = 2>
   <FORM action = "" method = post name = form>
        读取文件:< INPUT type = "radio" name = "R" value = "secret" >读取加密的文件
                 < INPUT type = "radio" name = "R" value = "unsecret">读取解密的文件
       < INPUT TYPE = "submit" value = "提交" name = "submit">
   </FORM>
</FONT>
```

```
<%  String condition = request.getParameter("R");
     if(condition!= null) {
%>       <file:Read  method = "<% = condition %>"/>
         <TextArea rows = 6 cols = 20 ><% = content %></TextArea >
<%  }
%>
<br ><A href = "inputContent.jsp">返回 inputContent.jsp 页面</A >
</BODY >
</HTML >
```

2) Tag 文件参考代码

Write. tag

```
<%@ variable name-given = "backMessage" scope = "AT_END" %>
<%@ tag pageEncoding = "GB2312" %>
<%@ tag import = "java.io.*" %>
<%@ attribute name = "content" required = "true" %>
<%
    File dir = new File("C:/","Students");
    dir.mkdir();
    File f = new File(dir,"save.txt");
    try{
        FileWriter outfile = new FileWriter(f);
        BufferedWriter bufferout = new BufferedWriter(outfile);
        char a[] = content.toCharArray();
        for(int i = 0;i < a.length;i++) {
            a[i] = (char)(a[i]^12);
        }
        content = new String(a);
        bufferout.write(content);
        bufferout.close();
        outfile.close();
        jspContext.setAttribute("backMessage","文件加密成功");
    }
    catch(IOException e) {
        jspContext.setAttribute("backMessage","文件加密失败");
    }
%>
```

Read. tag

```
<%@ variable name-given = "content" scope = "AT_END" %>
<%@ tag pageEncoding = "GB2312" %>
<%@ tag import = "java.io.*" %>
<%@ attribute name = "method" required = "true" %>
<%
    File dir = new File("C:/","Students");
    File f = new File(dir,"save.txt");
    StringBuffer mess = new StringBuffer();
    String str;
    try{
```

```
            FileReader in = new FileReader(f) ;
            BufferedReader bufferin = new BufferedReader(in);
            String temp;
            while((temp = bufferin.readLine())!= null) {
              mess.append(temp);
            }
            bufferin.close();
            in.close();
            str = new String(mess);
            if(method.equals("secret")) {
               jspContext.setAttribute("content",str);
            }
            else if(method.equals("unsecret")) {
                 char a[] = str.toCharArray();
                 for(int i = 0;i < a.length;i++) {
                    a[i] = (char)(a[i]^12);
                 }
                 str = new String(a);
                 jspContext.setAttribute("content",str);
            }
            else {
                 jspContext.setAttribute("content","");
            }
        }
        catch(IOException e) {
             jspContext.setAttribute("content","");
        }
%>
```

实验 3　使用数据流读/写 Java 数据

1. 相关知识点

DataInputStream 类和 DataOutputStream 类创建的对象分别被称为数据输入流和数据输出流。这两个流是有重要作用的,它们允许程序按照与机器无关的风格读取 Java 原始数据。也就是说,当读取一个数值时,不必再关心这个数值应当是多少个字节。

2. 实验目的

本实验的目的是让学生掌握使用数据流读写 Java 数据。

3. 实验要求

编写两个 JSP 页面 writeData.jsp 和 readData.jsp。

1) writeData.jsp 的具体要求

writeData.jsp 页面使用 Java 程序片将一个 int 型数据、一个 long 型数据、一个 char 型数据、一个 String 型数据和一个 double 型数据写入到名字为 javaData.data 的文件中。

2) readData.jsp 的具体要求

readData.jsp 页面读取 javaData.data 文件中的数据并显示出来。

4. JSP 页面效果示例

writeData.jsp 的效果如图 5-8 所示。

readData.jsp 的效果如图 5-9 所示。

地址(D) http://127.0.0.1:8080/chapter5/writeData.jsp
将一些Java数据写入javaData.data文件中。
写入成功!
写入到文件中的数据是:
int:100
long:23458
char:A
String:大家好
double:3.1415926 读取所写入的数据

图 5-8　写 Java 数据到文件

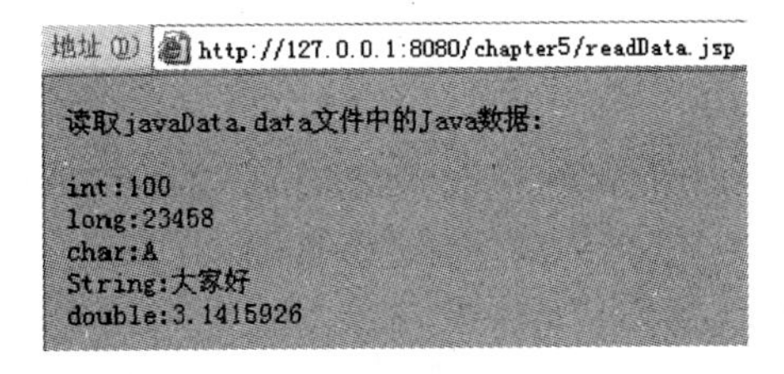

图 5-9　读取文件中的 Java 数据

5. 参考代码

可以按照实验要求，参考本代码编写代码。

JSP 页面参考代码如下。

writeData.jsp

```
<%@ page contentType="text/html;charset=GB2312" %>
<%@ page import="java.io.*" %>
<HTML>
<BODY bgcolor=yellow>
<Font size=2>
  将一些 Java 数据写入 javaData.data 文件中。
<%
  int x=100;
  long y=23458;
  char c='A';
  String str="大家好";
  double z=3.1415926;
  try{
      File f=new File("javaData.data");
      FileOutputStream fs=new FileOutputStream(f);
      DataOutputStream dataOut=new DataOutputStream(fs);
      dataOut.writeInt(x);
      dataOut.writeLong(y);
      dataOut.writeChar(c);
      dataOut.writeUTF(str);
      dataOut.writeDouble(z);
      out.println("<BR>写入成功!");
      out.println("<BR>写入到文件中的数据是:");
      out.print("<BR>int:"+x);
      out.print("<BR>long:"+y);
      out.print("<BR>char:"+c);
      out.print("<BR>String:"+str);
      out.print("<BR>double:"+z);
  }
  catch(IOException e){
     out.println("<BR>写入失败!"+e);
```

```
    }
  %>
  <A href = "readData.jsp">读取所写入的数据</A>
</BODY>
</HTML>
```

readData.jsp

```
<%@ page contentType = "text/html;charset = GB2312" %>
<%@ page import = "java.io.*" %>
<HTML>
<BODY bgcolor = cyan>
<Font size = 2>
  读取 javaData.data 文件中的 Java 数据：<br>
<%
  int x = 0;
  long y = 0;
  char c = '\0';
  String str = "";
  double z = 0;
  try{
      File f = new File("javaData.data");
      FileInputStream fi = new FileInputStream(f);
      DataInputStream dataIn = new DataInputStream(fi);
      x = dataIn.readInt();
      y = dataIn.readLong();
      c = dataIn.readChar();
      str = dataIn.readUTF();
      z = dataIn.readDouble();
      out.print("<BR>int:" + x);
      out.print("<BR>long:" + y);
      out.print("<BR>char:" + c);
      out.print("<BR>String:" + str);
      out.print("<BR>double:" + z);
  }
  catch(IOException e) {
     out.println("<BR>读取失败!" + e);
  }
%>
</BODY>
</HTML>
```

第6章 在JSP中使用数据库(实验)

要求在webapps目录下新建一个Web服务目录chapter6。除特别要求外,本章实验所涉及的JSP页面均保存在chapter6中,Tag文件保存在chapter6\WEB-INF\tags目录中。

实验1 连接查询MySQL数据库

1. 相关知识点

本实验和MySQL数据库建立连接,查询数据库Student中mess表的记录。

许多Web应用开始使用MySQL数据库,使得MySQL成为比较流行的一种网络数据库。尽管MySQL是开源项目,但功能强大、不依赖于平台,受到广泛的关注。可以使用加载MySQL的Java驱动程序来和MySQL数据库建立连接。可以到官方网站:www.mysql.com下载MySQL最新版本以及相关技术文章。MySQL是开源项目,很多网站都提供免费下载。可以使用任何搜索引擎搜索关键字:"MySQL下载",来获得有关的下载地址。

可以登录MySQL的官方网站:www.mysql.com下载JDBC-数据库驱动程序(JDBC Driver for MySQL),比如下载mysql-connector-java-5.1.28.zip,将该zip文件解压至硬盘,在解压后的目录下mysql-connector-java-5.1.28-bin.jar文件就是连接MySQL数据库的JDBC-数据库驱动程序。将该驱动程序复制到Tomcat服务器所使用的JDK扩展目录中(JDK目录\jre\lib\ext)或复制到Tomcat服务器安装目录的\common\lib文件夹中。

应用程序加载MySQL的JDBC-数据库驱动程序代码如下:

```
try{ Class.forName("com.mysql.jdbc.Driver");
}
catch(Exception e){}
```

应用程序要和MySQL数据库服务器管理的数据库(假设数据库服务器所驻留的计算机的IP地址是192.168.100.1),例如warehouse数据库,建立连接的代码如下:

```
try{  String uri = " jdbc:mysql:// 192.168.100.1:3306/warehouse";
      String user = "root";
      String password = "123";
      con = DriverManager.getConnection(uri,user,password);
   }
catch(SQLException e){
      System.out.println(e);
}
```

其中 root 用户有权访问数据库 warehouse，root 用户的密码是 123。如果 root 用户没有设置密码，那么将上述

```
String password = "123";
```

更改为：

```
String password = "";
```

2. 实验目的

本实验的目的是让学生掌握使用 JDBC 查询 MySQL 数据库中表的记录。

3. 实验要求

1）启动 MySQL 数据库服务器

执行 MySQL 安装目录 bin 子目录中的 mysqld.exe 文件。即打开 MS-DOS 命令行窗口，并使用 MS-DOS 命令进入到 bin 目录中然后在命令行输入：

```
mysqld -nt
```

2）启动 MySQL 监视器

打开 MS-DOS 命令行窗口，并使用 MS-DOS 命令进入到 MySQL 安装目录 bin 目录中，执行 bin 子目录中的 mysql.exe 文件：

```
mysql -h localhost -u root -p
```

然后按要求输入密码即可(如果密码是空，可以不输入)。

3）创建数据库

使用 MySQL 监视器创建一个名字为 Student 的数据库，在当前 MySQL 监视器窗口占用的命令行窗口创建数据库的 SQL 语句(如图 6-1 所示)：

```
create database Student;
```

4）创建表

在当前 MySQL 监视器窗口占用的命令行窗口执行：

```
user Student
```

进入数据库 Student。然后输入创建 mess 表的 SQL 语句(如图 6-2 所示)。

```
mysql> create database Student;
Query OK, 1 row affected (0.02 sec)
```

图 6-1 创建数据库

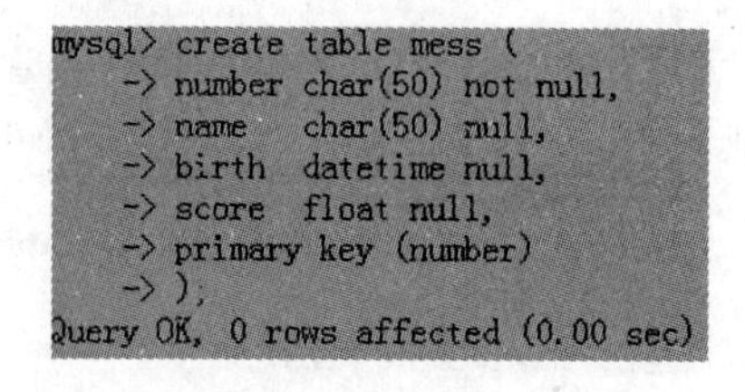

图 6-2 创建表 mess

```
create table mess (
number char(50) not null,
name char(50) null,
```

```
birth datetime null,
score float null,
primary key (number)
);
```

5）添加记录表

如果已经退出数据库，可在当前 MySQL 监视器窗口占用的命令行窗口执行：

```
user Student
```

进入数据库 Student。然后输入向 mess 表的插入记录的 SQL 语句(如图 6-3 所示)。

```
mysql> insert into mess values('ja001','zhang','1996-10-10',500);
Query OK, 1 row affected (0.00 sec)

mysql> insert into mess values('ja002','wang','1997-12-10',530);
Query OK, 1 row affected (0.00 sec)
```

图 6-3　向表 mess 插入记录

6）使用 JSP 页面查询 MySQL 数据库 Student

4. JSP 页面效果示例

chaxunMySQL.jsp 效果如图 6-4 所示。

学号	姓名	出生	成绩
ja001	zhang	1996-10-10	500.0
ja002	wang	1997-12-10	530.0

图 6-4　查询 MySQL 数据库

5. 参考代码

本代码仅供参考，学生可按着实验要求，参考本代码编写代码。

chaxunMySQL.jsp

```
<%@ page contentType = "text/html;charset = GB2312" %>
<%@ page import = "java.sql.*" %>
<HTML><BODY bgcolor = cyan>
<% Connection con;
    Statement sql;
    ResultSet rs;
    try{ Class.forName("com.mysql.jdbc.Driver");
    }
    catch(Exception e){}
    try { String uri = "jdbc:mysql://127.0.0.1/Student";
          String user = "root";
          String password = "";
          con = DriverManager.getConnection(uri,user,password);
          sql = con.createStatement();
          rs = sql.executeQuery("SELECT * FROM mess ");
          out.print("<table border = 2>");
          out.print("<tr>");
```

```
                out.print("< th width = 100 >" + "学号");
                out.print("< th width = 100 >" + "姓名");
                out.print("< th width = 50 >" + "出生");
                out.print("< th width = 50 >" + "成绩");
              out.print("</TR >");
              while(rs.next()){
                out.print("< tr >");
                  out.print("< td >" + rs.getString(1) + "</td >");
                  out.print("< td >" + rs.getString(2) + "</td >");
                  out.print("< td >" + rs.getDate(3) + "</td >");
                  out.print("< td >" + rs.getFloat(4) + "</td >");
                out.print("</tr >") ;
              }
              out.print("</table >");
              con.close();
        }
        catch(SQLException e){
              out.print(e);
        }
%>
</BODY ></HTML >
```

实验2　连接查询SQL Server数据库

1. 相关知识点

应用程序加载SQL Server的JDBC-数据库驱动程序代码如下：

```
try {   Class.forName("com.microsoft.sqlserver.jdbc.SQLServerDriver");
}
catch(Exception e){
          System.out.println(e);
}
```

应用程序要和SQL Server数据库服务器管理的数据库(假设数据库服务器所驻留的计算机的IP地址是192.168.100.1),例如warehouse数据库,建立连接的代码如下(假设用户名是sa密码是sa123456)：

```
try{   String uri =  "jdbc:sqlserver://192.168.100.1:1433;DatabaseName = warehouse";
       String user = "sa";
       String password = "sa123456";
       con = DriverManager.getConnection(uri,user,password);
   }
catch(SQLException e){
       System.out.println(e);
}
```

2. 实验目的

本实验的目的是让学生掌握使用JDBC查询SQL Server数据库中表的记录。

3. 实验要求

1）启动 SQ Server 提供的数据库服务器

如果数据库服务器在开机后已经自动启动，就无需再启动，否则需手动启动 SQL Server 2012，可以单击“开始”→“程序”→Microsoft SQL Server，启动 SQL Server 服务器。

2）创建数据库和表

打开 SQL Server 提供的“对象资源管理器”，创建名字是名称是 warehouse 的数据库，并在该数据库中建立名字是 product 的表，该表的字段（属性）为：

```
number(char) name(char) madeTime(datetime) price(float).
```

其中，number 字段为主键。

使用 SQL Server 提供的“对象资源管理器”在 product 表中添加几条记录。

3）编写 JSP 页面

查询 product 表中 price 字段值大于 5000 的全部记录。

4. JSP 页面效果示例

chaxunSQLServer.jsp 效果如图 6-5 所示。

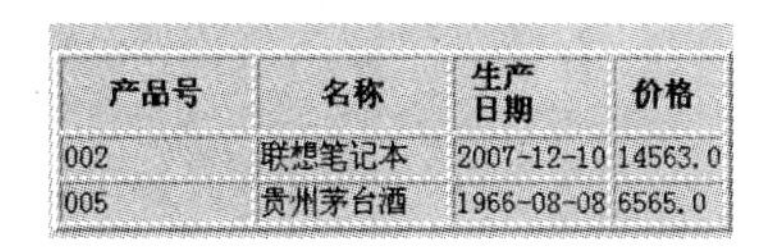

产品号	名称	生产日期	价格
002	联想笔记本	2007-12-10	14563.0
005	贵州茅台酒	1966-08-08	6565.0

图 6-5　查询 SQL Server 数据库

5. 参考代码

本代码仅供参考，学生可按着实验要求，参考本代码编写代码。

chaxunSQLServer.jsp

```
<%@ page contentType = "text/html;charset = GB2312" %>
<%@ page import = "java.sql.*" %>
<HTML><BODY bgcolor = yellow>
<% Connection con;
    Statement sql;
    ResultSet rs;
    try { Class.forName("com.microsoft.sqlserver.jdbc.SQLServerDriver");
    }
    catch(Exception e){
          out.print(e);
    }
    try { String uri = "jdbc:sqlserver://127.0.0.1:1433;DatabaseName = warehouse";
          String user = "sa";
          String password = "sa123456";
          con = DriverManager.getConnection(uri,user,password);
          sql = con.createStatement();
          rs = sql.executeQuery("SELECT * FROM product WHERE price > 5000");
           out.print("< table border = 2 >");
          out.print("< tr >");
            out.print("< th width = 100 >" + "产品号");
            out.print("< th width = 100 >" + "名称");
            out.print("< th width = 50 >" + "生产日期");
```

```
            out.print("< th width = 50 >" + "价格");
          out.print("</TR >");
          while(rs.next()){
            out.print("< tr >");
              out.print("< td >" + rs.getString(1) + "</td >");
              out.print("< td >" + rs.getString(2) + "</td >");
              out.print("< td >" + rs.getDate("madeTime") + "</td >");
              out.print("< td >" + rs.getFloat("price") + "</td >");
            out.print("</tr >") ;
          }
          out.print("</table >");
          con.close();
    }
    catch(SQLException e){
          out.print(e);
    }
%>
</BODY ></HTML >
```

实验 3　连接查询 Access 数据库

1. 相关知识点

本实验使用 JDBC-ODBC 桥接器方式和数据库建立连接,查询数据库中表的记录的步骤是:

(1) 与数据源建立连接:

```
Connection con =
DriverManager.getConnection("jdbc:odbc:数据源名称 imformation","用户名","密码");
```

(2) 返回 Statement 对象:

```
Statement sql = con.createStatement();
```

(3) 向数据库发送关于查询记录的 SQL 语句,返回查询结果,即 ResultSet 对象:

```
ResultSet rs = sql.executeQuery(查询表的 SQL 语句);
```

2. 实验目的

本实验的目的是让学生掌握使用 JDBC 查询 Access 数据库中表的记录。

3. 实验要求

(1) 使用 Microsoft Access 创建一个数据库 Book。

(2) 在数据库 Book 中创建名字为 bookForm 的表,表的字段及属性见图 6-6 所示。

bookForm : 表

字段名称	数据类型	说明
bookISBN	文本	书的ISBN,该字段为主键
bookName	文本	书的名称
bookAuthor	文本	书的作者
bookPrice	数字	书的价格(单精度)
bookPublish	文本	出版社名称
bookTime	日期/时间	格式为yy-mm-dd
bookAbstract	文本	字段大小255,存放书的摘要

图 6-6　bookForm 表

(3) 将数据库 Book 设置为名字为 information 的数据源(有关知识点见主教材 6.11.3 节)。

(4) chaxunAccess.jsp 的具体要求如下:

JSP 页面提供表单。表单允许用户输入要查询的内容,以及选择针对该内容的查询条件,例如输入"实用",那么可以指定该内容是书名的一部分或作者姓名等。JSP 页面查询条件提交给当前 JSP 页面,当前 JSP 页面调用 FineBook.tag 文件完成查询操作。

(5) FindBook.tag 的具体要求

FindBook.tag 文件使用 attribute 指令获得 JSP 页面传递过来的字段查询条件,然后与数据源 information 建立连接,根据得到的查询条件查询 bookForm 表。FindBook.tag 文件使用 variable 指令将查询结果返回给 JSP 页面。

4. JSP 页面效果示例

chaxunAccess.jsp 效果如图 6-7 所示。

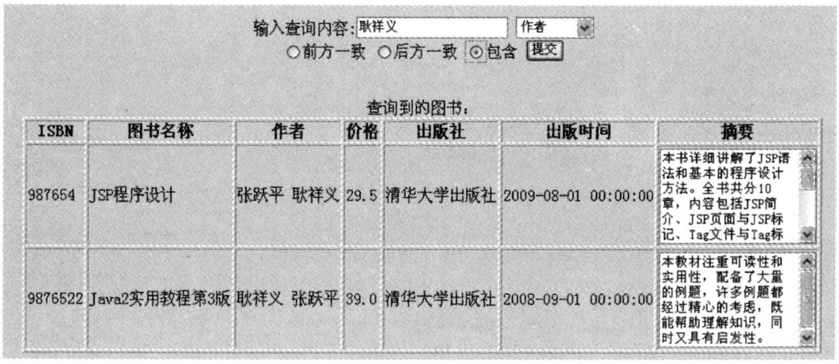

输入查询内容:耿祥义 作者
○前方一致 ○后方一致 ⊙包含 提交

查询到的图书:

ISBN	图书名称	作者	价格	出版社	出版时间	摘要
987654	JSP程序设计	张跃平 耿祥义	29.5	清华大学出版社	2009-08-01 00:00:00	本书详细讲解了JSP语法和基本的程序设计方法。全书共分10章,内容包括JSP简介、JSP页面与JSP标记、Tag文件与Tag标
9876522	Java2实用教程第3版	耿祥义 张跃平	39.0	清华大学出版社	2008-09-01 00:00:00	本教材注重可读性和实用性,配备了大量的例题,许多例题都经过精心的考虑,既能帮助理解知识,同时又具有启发性。

图 6-7 查询 Access 数据库

5. 参考代码

代码仅供参考,学生可按着实验要求,参考本代码编写代码。

chaxunAccess.jsp

```
<%@ page contentType = "text/html;charset = GB2312" %>
<%@ taglib tagdir = "/WEB-INF/tags" prefix = "findBook" %>
<HTML>
<Body bgcolor = cyan><center>
<form action = "">
   输入查询内容:<Input type = text name = "findContent" value = "JSP">
      <Select name = "condition" size = 1>
         <Option Selected value = "bookISBN"> ISBN
         <Option value = "bookName">书名
         <Option value = "bookAuthor">作者
         <Option value = "bookPublish">出版社
         <Option value = "bookTime">出版时间
         <Option value = "bookAbstract">内容摘要
      </Select>
      <Br>
      <INPUT type = "radio" name = "findMethod" value = "start">前方一致
```

```
        <INPUT type = "radio" name = "findMethod" value = "end">后方一致
        <INPUT type = "radio" name = "findMethod" value = "contains">包含
         <Input type = submit value = "提交">
  </form>
<%
   String findContent  =  request.getParameter("findContent");
   String condition  =  request.getParameter("condition");
   String findMethod  =  request.getParameter("findMethod");
   if(findContent == null){
      findContent = "";
   }
   if(condition == null){
      condition = "";
   }
   if(findMethod == null){
      findMethod = "";
   }
%>
<BR>查询到的图书:
<findBook:FindBook dataSource = "information"
                   tableName = "bookForm"
                   findContent = "<% = findContent %>"
                   condition = "<% = condition %>"
                   findMethod = "<% = findMethod %>"/>
  <BR><% = giveResult %>
  </form>
</BODY>
</HTML>
```

FindBook. tag

```
<%@ tag import = "java.sql. * " %>
<%@ tag pageEncoding = "gb2312" %>
<%@ attribute name = "dataSource" required = "true" %>
<%@ attribute name = "tableName" required = "true" %>
<%@ attribute name = "findContent" required = "true" %>
<%@ attribute name = "condition" required = "true" %>
<%@ attribute name = "findMethod" required = "true" %>
<%@ variable name - given = "giveResult" variable - class =
"java.lang.StringBuffer" scope = "AT_END" %>
<%
     byte b[ ] = findContent.getBytes("iso - 8859 - 1");
     findContent = new String(b);
     try{  Class.forName("sun.jdbc.odbc.JdbcOdbcDriver");
     }
     catch(ClassNotFoundException e){
          out.print(e);
     }
     Connection con;
     Statement sql;
     ResultSet rs;
```

```
    StringBuffer queryResult = new StringBuffer();   //查询结果
    String uri = "jdbc:odbc:" + dataSource;
    try{     con = DriverManager.getConnection(uri,"","");
             sql = con.createStatement();
             String s = "";
             if(findMethod.equals("start"))
                s = "select * from " + tableName + " where " +
condition + " Like'" + findContent + " % '";
             if(findMethod.equals("end"))
                s = "select * from " + tableName + " where " +
condition + " Like' % " + findContent + "'";
             if(findMethod.equals("contains"))
                s = "select * from " + tableName + " where " +
condition + " Like' % " + findContent + " % '";
             rs = sql.executeQuery(s);
             queryResult.append("< table border = 1 >");
             queryResult.append("< tr >");
             queryResult.append("< th > ISBN </td >");
             queryResult.append("< th >图书名称</td >");
             queryResult.append("< th >作者</td >");
             queryResult.append("< th >价格</td >");
             queryResult.append("< th >出版社</td >");
             queryResult.append("< th >出版时间</td >");
             queryResult.append("< th >摘要</td >");
             queryResult.append("</tr >");
             int 字段个数 = 7;
             while(rs.next()){
                queryResult.append("< tr >");
                String bookISBN = "";
                for(int k = 1;k < = 字段个数;k++) {
                   if(k == 7){
                         String bookAbstract = rs.getString(k);
                         String abs =
                   "< textarea rows = 6 colums = 10/>" + bookAbstract + "</textarea >";
                          queryResult.append("< td >" + abs + "</td >");
                   }
                   else {
                          queryResult.append("< td >" + rs.getString(k) + "</td >");
                   }
                }
             }
             queryResult.append("</table >");
             jspContext.setAttribute("giveResult",queryResult);
             con.close();
      }
      catch(SQLException exp){
             jspContext.setAttribute("giveResult",new StringBuffer("请给出查询条件"));
      }
% >
```

第7章 JSP与JavaBean(实验)

要求在webapps目录下新建一个Web服务目录chapter7。除特别要求外,本章实验所涉及的JSP页面均保存在chapter7中。实验涉及的Javabean的包名均为bean.data,因此要求在chapter7下建立子目录WEB-INF\classes\bean\data,Javabean的字节码文件保存在该子目录中。

实验1 有效范围为request的bean

1. 相关知识点

JSP页面使用useBean标记调用一个bean:

```
<jsp:useBean  id="bean起的名字"  class="创建bean的类" scope="request"></jsp:useBean>
```

或

```
<jsp:useBean  id= "bean起的名字" class= "创建bean的类" scope= "request"/>
```

JSP引擎分配给每个用户有效范围为request的bean是互不相同的,也就是说,尽管每个用户的bean的功能相同,但它们占用不同的内存空间。bean的有效范围是当前页面,当客户离开这个页面时,JSP引擎取消分配给该客户的bean。

2. 实验目的

本实验的目的是让学生掌握使用有效范围是request的bean存储信息。

3. 实验要求

编写一个JSP页面inputAndShow.jsp和一个名字为computer的JavaBean,其中computer由PC.class类负责创建。

1) inputAndShow.jsp的具体要求

inputAndShow.jsp页面提供一个表单。其中表单允许用户输入计算机的品牌、型号和生产日期,该表单将用户输入的信息提交给当前页面,当前页面调用名字为computer的bean,并使用表单提交的数据设置computer的有关属性的值,然后显示computer的各个属性的值。

2) PC.java的具体要求

编写的PC.java应当有描述计算机品牌、型号和生产日期的属性,并提供相应的getXxx和setXxx方法,来获取和修改这些属性的值。PC.java中使用package语句,起的包名是bean.data。将PC.java编译后的字节码文件PC.class保存到chapter7\WEB-INF\

classes\bean\data 目录中。

4. JSP 页面效果示例

inputAndShow.jsp 的效果如图 7-1 所示。

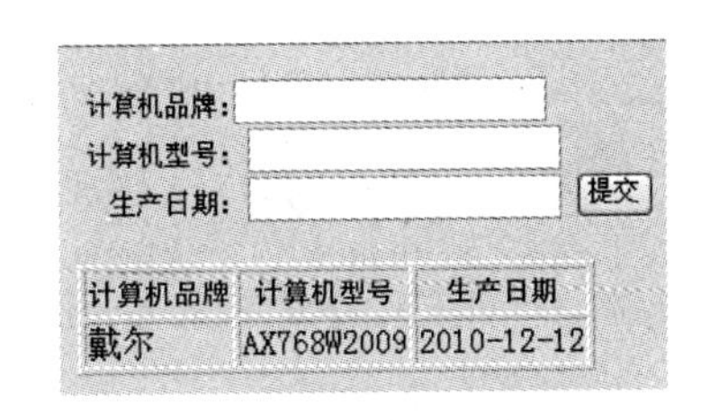

图 7-1 使用有效范围是 request 的 bean

5. 参考代码

可以按照实验要求,参考本代码编写代码。

1) JSP 页面参考代码

inputAndShow.jsp

```
<%@ page contentType="text/html;charset=GB2312" %>
<%@ page import="bean.data.PC" %>
<jsp:useBean id="computer" class="bean.data.PC" scope="request"/>
<HTML>
<BODY bgcolor=yellow>
<FONT size=2>
  <FORM action="" Method="post">
    计算机品牌:<Input type=text name="pinpai">
    <br>计算机型号:<Input type=text name="xinghao">
    <br>生产日期:<Input type=text name="riqi">
    <Input type=submit value="提交">
</FORM>
<jsp:setProperty name="computer" property="*"/>
<table border=1>
    <tr><th>计算机品牌</th>
          <th>计算机型号</th>
          <th>生产日期</th>
    </tr>
    <tr>
        <td><jsp:getProperty name="computer" property="pinpai"/></td>
        <td><jsp:getProperty name="computer" property="xinghao"/></td>
        <td><jsp:getProperty name="computer" property="riqi" />
    </tr>
</FONT>
</BODY>
</HTML>
```

2) JavaBean 源文件参考代码

PC.java

```
package bean.data;
public class PC {
    String pinpai,xinghao,riqi;
    public String getPinpai() {
        try{ byte b[]=pinpai.getBytes("ISO-8859-1");
            pinpai=new String(b);
        }
        catch(Exception e){}
        return pinpai;
    }
    public void setPinpai(String pinpai){
```

```
            this.pinpai = pinpai;
        }
        public String getXinghao() {
            try{ byte b[] = xinghao.getBytes("ISO-8859-1");
                xinghao = new String(b);
            }
            catch(Exception e){}
            return xinghao;
        }
        public void setXinghao(String xinghao){
            this.xinghao = xinghao;
        }
        public String getRiqi() {
            try{   byte b[] = riqi.getBytes("ISO-8859-1");
                  riqi = new String(b);
            }
            catch(Exception e){}
            return riqi;
        }
        public void setRiqi(String time) {
            riqi = time;
        }
    }
```

实验2　有效范围为session的bean

1. 相关知识点

JSP页面使用useBean标记调用一个有效范围是session的bean：

```
<jsp:useBean  id = "bean起的名字" class = "创建bean的类" scope = "session"></jsp:useBean>
```

或

```
<jsp:useBean  id= "bean起的名字" class= "创建bean的类" scope= "session"/>
```

如果用户在某个Web服务目录多个页面中相互链接，每个页面都含有一个useBean标记，而且各个页面的useBean标记中id的值相同、scope的值都是session，那么，该用户在这些页面得到的bean是相同的一个(占用相同的内存空间)。如果用户在某个页面更改了这个bean的属性，其他页面的这个bean的属性也将发生同样的变化。当用户的会话(session)消失，比如用户关闭浏览器时，JSP引擎取消分配的bean，即释放bean所占用的内存空间。需要注意的是，不同用户的scope取值与session的bean是互不相同的(占用不同的内存空间)，也就是说，当两个用户同时访问一个JSP页面时，一个用户对自己bean的属性的改变，不会影响到另一个用户。

2. 实验目的

本实验的目的是让学生掌握使用有效范围是session的bean显示计算机的基本信息。

3. 实验要求

本实验2要求和实验1类似，但是和实验1不同的是，要求编写两个JSP页面input.jsp和show.jsp。编写一个名字为computer的Javabean，其中computer由PC.class类负责创建。

1）input.jsp的具体要求

input.jsp页面提供一个表单。其中表单允许用户输入计算机的品牌、型号和生产日期，该表单将用户输入的信息提交给当前页面，当前页面调用名字为computer的bean，并使用表单提交的数据设置computer的有关属性的值。要求在input.jsp提供一个超链接，以便用户单击这个超链接访问show.jsp页面。

2）show.jsp的具体要求

show.jsp调用名字为computer的bean，并显示该bean的各个属性的值。

3）PC.java的具体要求

编写的PC.java应当有描述计算机品牌、型号和生产日期的属性，并提供相应的getXxx和setXxx方法来获取和修改这些属性的值。PC.java中使用package语句为其中的类命名的包名为bean.data。将PC.java编译后的字节码文件PC.class保存到chapter7\WEB-INF\classes\bean\data目录中。

4. JSP页面效果示例

input.jsp的效果如图7-2所示。

show.jsp的效果如图7-3所示。

图7-2　数据存放到bean中

品牌	型号	日期
Lenovo	KD3009	2012-10-28

图7-3　显示bean中的数据

5. 参考代码

可以按照实验要求，参考本代码编写代码。

1）JSP页面参考代码

input.jsp

```
<%@ page contentType = "text/html;charset = GB2312" %>
<%@ page import = "bean.data.PC" %>
<jsp:useBean id = "computer" class = "bean.data.PC" scope = "session"/>
<HTML>
<BODY bgcolor = yellow>
<FONT size = 2>
  <FORM action = "" Method = "post">
   计算机品牌:<Input type = text name = "pinpai">
   <br>计算机型号: <Input type = text name = "xinghao">
   <br>生产日期: <Input type = text name = "riqi">
   <Input type = submit value = "提交">
</FORM>
```

```
<jsp:setProperty name = "computer" property = " * "/>
<A href = "show.jsp">访问 show.jsp,查看有关信息。</A>
</FONT>
</BODY>
</HTML>
```


show.jsp

```
<%@ page contentType = "text/html;charset = GB2312" %>
<%@ page import = "bean.data.PC" %>
<jsp:useBean id = "computer" class = "bean.data.PC" scope = "session"/>
<HTML>
<BODY bgcolor = yellow>
<table border = 1>
   <tr><th>品牌</th>
        <th>型号</th>
        <th>日期</th>
   </tr>
   <tr>
      <td><jsp:getProperty name = "computer" property = "pinpai"/></td>
      <td><jsp:getProperty name = "computer" property = "xinghao"/></td>
      <td><jsp:getProperty name = "computer" property = "riqi" />
   </tr>
</table>
</FONT>
</BODY>
</HTML>
```

2) Javabean 源文件参考代码

与实验1中的PC.java相同。

实验3　有效范围为application的bean

1. 相关知识点

JSP页面使用useBean标记调用一个有效范围是application的bean:

```
<jsp:useBean  id= "bean起的名字" class = "创建bean的类" scope = "application">
</jsp:useBean>
```

或

```
<jsp:useBean  id= "bean起的名字" class = "创建bean的类" scope = "application"/>
```

JSP引擎为Web服务目录下所有的JSP页面分配一个共享的bean,不同用户的scope取值是application的bean都是相同的一个,也就是说,当多个用户同时访问一个JSP页面时,任何一个用户对自己bean的属性的改变,都会影响到其他的用户。

2. 实验目的

本实验的目的是让学生掌握使用有效范围是application的bean制作一个简单的留言板。

3. 实验要求

要求编写两个 JSP 页面 inputMess.jsp 和 show.jsp。编写一个名字为 board 的 JavaBean，其中 board 由 MessBoard.class 类负责创建。

1）inputMess.jsp 的具体要求

inputMess.jsp 页面提供一个表单。其中表单允许用户输入留言者的姓名、留言标题和留言内容，该表单将用户输入的信息提交给当前页面，当前页面调用名字为 board 的 bean，并使用表单提交的数据设置 board 的有关属性的值。要求在 inputMess.jsp 中提供一个超链接，以便用户单击这个超链接时访问 show.jsp 页面。

2）show.jsp 的具体要求

show.jsp 调用名字为 board 的 bean，并显示该 bean 的 allMessage 属性的值。

3）MessBoard.java 的具体要求

编写的 MessBoard.java 应当有刻画留言者的姓名、留言标题和留言内容属性，并且有刻画全部留言信息的属性 allMessage。将 MessBoard.java 编译后的字节码文件 MessBoard.class 保存到 chapter7\WEB-INF\classes\tom\jiafei 目录中。

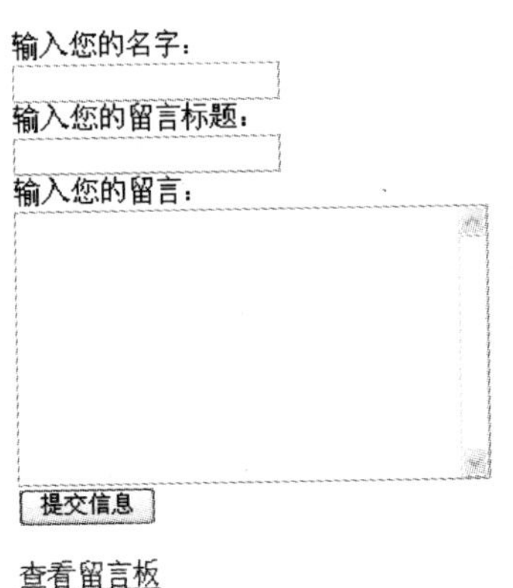

图 7-4　设置有效范围是 application 的 bean

4. JSP 页面效果示例

inputMess.jsp 的效果如图 7-4 所示。

show.jsp 的效果如图 7-5 所示。

留言者姓名	留言标题	留言内容	留言时间
张三	急需火车票	急需北京－上海火车票。	2007-09-07, 11:38:12
李四	求购JSP书籍	《JSP基础教程》第2版。	2007-09-07, 11:39:12

我要留言

图 7-5　显示有效范围是 application 的 bean

5. 参考代码

可以按照实验要求，参考本代码编写代码。

1）JSP 页面参考代码

inputMess.jsp

```
<%@ page contentType = "text/html;charset = GB2312" %>
<%@ page import = "tom.jiafei.MessBoard" %>
<jsp:useBean id = "board" class = "tom.jiafei.MessBoard" scope = "application"/>
<HTML>
<BODY>
 <FORM action = "" method = "post" name = "form">
    输入您的名字：<BR><INPUT  type = "text" name = "name">
    <BR>输入您的留言标题：<BR><INPUT  type = "text"  name = "title">
    <BR>输入您的留言：<BR><TEXTAREA name = "content" ROWs = "10"
        COLS = 36 WRAP = "physical"></TEXTAREA>
    <BR><INPUT type = "submit" value = "提交信息" name = "submit">
```

```
    </FORM>
     <jsp:setProperty name="board" property="*"/>
    <A href="show.jsp">查看留言板</A>
  </BODY>
  </HTML>
```

show.jsp

```
<%@ page contentType="text/html;charset=GB2312" %>
<%@ page import="tom.jiafei.MessBoard" %>
<jsp:useBean id="board" class="tom.jiafei.MessBoard" scope="application"/>
<HTML>
<BODY bgcolor=yellow>
  <jsp:getProperty name="board" property="allMessage"/>
  <A href="inputMess.jsp">我要留言</A>
</FONT>
</BODY>
</HTML>
```

2) JavaBean 源文件参考代码

MessBoard.java

```
package tom.jiafei;
import java.util.*;
import java.text.SimpleDateFormat;
public class MessBoard {
  String name,title,content;
  StringBuffer allMessage;
  ArrayList<String> savedName,savedTitle,savedContent,savedTime;
  public MessBoard()  {
    savedName=new ArrayList<String>();
    savedTitle=new ArrayList<String>();
    savedContent=new ArrayList<String>();
    savedTime=new ArrayList<String>();
  }
  public void setName(String s)  {
     try{
        byte bb[]=s.getBytes("iso-8859-1");
        s=new String(bb);
     }
     catch(Exception exp){}
     name=s;
     savedName.add(name);
     Date time=new Date();
     SimpleDateFormat matter=new SimpleDateFormat("yyyy-MM-dd,HH:mm:ss");
     String messTime=matter.format(time);
     savedTime.add(messTime);
  }
  public void setTitle(String t)  {
     try{
        byte bb[]=t.getBytes("iso-8859-1");
```

```
            t = new String(bb);
        }
        catch(Exception exp){}
        title = t;
        savedTitle.add(title);
    }
    public void setContent(String c)  {
        try{
            byte bb[] = c.getBytes("iso-8859-1");
            c = new String(bb);
        }
        catch(Exception exp){}
        content = c;
        savedContent.add(content);
    }
    public StringBuffer getAllMessage() {
        allMessage = new StringBuffer();
        allMessage.append("<table border = 1>");
        allMessage.append("<tr>");
        allMessage.append("<th>留言者姓名</th>");
        allMessage.append("<th>留言标题</th>");
        allMessage.append("<th>留言内容</th>");
        allMessage.append("<th>留言时间</th>");
        allMessage.append("</tr>");
        for(int k = 0;k < savedName.size();k++) {
            allMessage.append("<tr>");
            allMessage.append("<td>");
            allMessage.append(savedName.get(k));
            allMessage.append("</td>");
            allMessage.append("<td>");
            allMessage.append(savedTitle.get(k));
            allMessage.append("</td>");
            allMessage.append("<td>");
            allMessage.append("<textarea>");
            allMessage.append(savedContent.get(k));
            allMessage.append("</textarea>");
            allMessage.append("</td>");
            allMessage.append("<td>");
            allMessage.append(savedTime.get(k));
            allMessage.append("</td>");
            allMessage.append("<tr>");
        }
        allMessage.append("</table>");
        return allMessage;
    }
}
```

第 8 章　JavaServlet 与 MVC 模式(实验)

第 8 章只有一个实验。要求在 webapps 目录下新建一个 Web 服务目录 chapter8。除特别要求外,本章实验所涉及的 JSP 页面均保存在 chapter8 中。实验涉及的 JavaBean 的包名均为 user. yourbean,Servlet 类的包名为 user. yourservlet。另外,需要在当前 Web 服务目录下建立如下的目录结构:chapter8\WEB-INF\classes,在 classes 下,再建立相应的子目录:\user\yourservlet 和\user\yourbean。

本实验将使用 javax. servlet. http 包中的类,javax. servlet. http 包不在 JDK 的核心类库中,需要将 Tomcat 安装目录 lib 子目录中的 servlet-api. jar 文件复制到 Tomcat 服务器所使用的 JDK 的扩展目录中,比如复制到 D:\jdk1. 6\jre\lib\ext 中。

为了能顺利地编译 Servlet 类和 JavaBean 类,将 Servlet 类的 Java 源文件保存在 D:\user\yourservlet 目录中;将 JavaBean 类的 Java 源文件保存在 D:\user\yourservlet\user\yourbean 目录中。

首先编译 JavaBean 类然后再编译 Servlet 类,要将编译通过的 Servlet 类的字节码和 JavaBean 类的字节码文件分别复制到 Chapter8\WEB-INF\classes\user\yourservlet 和 Chapter8\WEB-INF\classes\user\yourbean 目录中。

实验　计算两个正数的代数平均值与几何平均值

1. 相关知识点

在 JSP 技术中,"视图"、"模型"和"控制器"的具体实现如下:

(1) 模型(Model):一个或多个 JavaBean 对象,用于存储数据,JavaBean 主要提供简单的 setXxx 方法和 getXxx 方法,在这些方法中不涉及对数据的具体处理细节,以便增强模型的通用性。

(2) 视图(View):一个或多个 JSP 页面,其作用主要是向控制器提交必要的数据和为模型提供数据显示,JSP 页面主要使用 HTML 标记和 Javabean 标记来显示数据。

(3) 控制器(Controller):一个或多个 Servlet 对象,根据视图提交的要求进行数据处理操作,并将有关的结果存储到 JavaBean 中,然后 Servlet 使用重定向方式请求视图中的某个 JSP 页面更新显示,即让该 JSP 页面通过使用 JavaBean 标记显示控制器存储在 JavaBean 中的数据。

2. 实验目的

本实验的目的是让学生掌握 MVC 模式。

3. 实验要求

1) 视图

视图由两个 JSP 页面 inputData.jsp 和 showResult.jsp 组成。inputData.jsp 页面提供一个表单,用户可以输入两个正数。inputData.jsp 页面将用户输入的有关数据提交给一个名字为 computeAverage 的 servlet 对象,computeAverage 负责计算两个正数的代数平均值与几何平均值。showResult.jsp 页面可以显示代数平均值与几何平均值。

2) 数据模型

模型可以存储代数平均值与几何平均值。数据模型 JavaBean(SaveNumber.java 类的实例)中的 getXxx 和 setXxx 方法不涉及对数据的具体处理细节,以便增强模型的通用性。将 SaveNumber.java 保存到 D:\user\yourservlet\user\yourbean 目录中,编译 SaveNumber.java 生成字节码文件 SaveNumber.class,然后将 SaveNumber.class 复制到 Chapter8\WEB-INF\classes\user\yourbean 目录中。

3) 控制器

提供一个名字为 computeAverage 的 servlet 对象(HandleAverage.java 类的实例),computeAverage 负责计算两个正数的代数平均值以及几何平均值,将计算结果以及相关数据存储到数据模型 JavaBean 中,然后请求 showResult.jsp 显示模型 JavaBean 中的数据。

将 HandleAverage.java 保存在 D:\user\yourservlet 目录中,编译 HandleAverage.java 生成字节码文件 HandleAverage.class,然后将 HandleAverage.class 复制到 Chapter8\WEB-INF\classes\user\yourservlet 目录中。

4) 配置文件

编写如下的 web.xml 文件,并保存到 chapter8\WEB-INF 目录中。

web.xml

```
<?xml version = "1.0" encoding = "ISO - 8859 - 1"?>
< web - app >
< servlet >
    < servlet - name > computerAverage </servlet - name >
    < servlet - class > user.yourservlet.HandleAverage </servlet - class >
</servlet >
< servlet - mapping >
  < servlet - name > computerAverage </servlet - name >
  < url - pattern >/lookAverage </url - pattern >
</servlet - mapping >
</web - app >
```

4. 视图效果

inputData.jsp 的效果如图 8-1 所示。

showResult.jsp 的效果如图 8-2 所示。

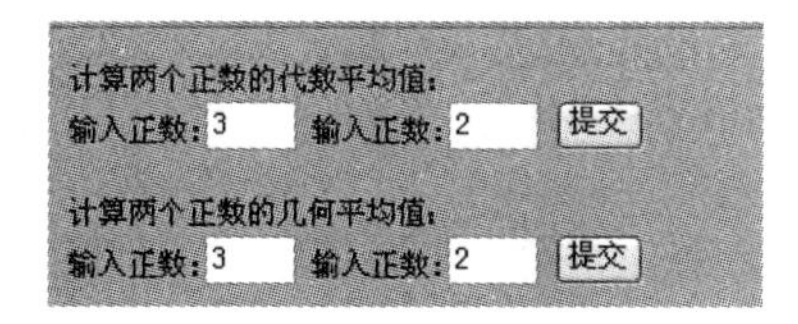

图 8-1 输入数据

3.0与 2.0的 几何平均值= 2.449489742783178

图 8-2 显示数据

5. 参考代码

可以按照实验要求,参考本代码编写代码。

1) 视图参考代码

inputData.jsp

```
<%@ page contentType = "text/html;charset = GB2312" %>
<HTML>
<BODY bgcolor = cyan>
<Font size = 2>
<FORM action = "lookAverage" Method = "post" >
 <P>计算两个正数的代数平均值:
 <BR>输入正数:<Input type = text name = "firstNumber" size = 4 >
     输入正数:<Input type = text name = "secondNumber" size = 4 >
 <Input type = submit value = "提交">
</FORM>
<FORM action = "lookAverage" Method = "get" >
   <P>计算两个正数的几何平均值:
  <BR>输入正数:<Input type = text name = "firstNumber" size = 4 >
     输入正数:<Input type = text name = "secondNumber" size = 4 >
 <Input type = submit value = "提交">
</FORM>
</Font>
</BODY>
</HTML>
```

showResult.jsp

```
<%@ page contentType = "text/html;charset = GB2312" %>
<%@ page import = "user.yourbean.SaveNumber" %>
<jsp:useBean id = "aver" type = "user.yourbean.SaveNumber" scope = "request"/>
<HTML>
<BODY bgcolor = cyan>
     <jsp:getProperty name = "aver" property = "firstNumber"/>与
     <jsp:getProperty name = "aver" property = "secondNumber"/>的
     <jsp:getProperty name = "aver" property = "type"/> =
     <jsp:getProperty name = "aver" property = "result"/>
</BODY>
</HTML>
```

2) 数据模型(Javabean)参考代码

SaveNumber.java

```
package user.yourbean;
public class SaveNumber
{
    double firstNumber,secondNumber;
    double result;
    String type;
    public void setFirstNumber(double a){
        firstNumber = a;
    }
```

```
    public double getFirstNumber() {
        return firstNumber;
    }
    public void setSecondNumber(double a){
        secondNumber = a;
    }
    public double getSecondNumber() {
        return secondNumber;
    }
    public void setResult(double a){
        result = a;
    }
    public double getResult() {
        return result;
    }
    public void setType(String a){
        type = a;
    }
    public String getType() {
        return type;
    }
}
```

3) 控制器(Servlet)参考代码

HandleAverage. java

```
package user.yourservlet;
import user.yourbean.*;
import java.io.*;
import javax.servlet.*;
import javax.servlet.http.*;
public class HandleAverage extends HttpServlet {
    public void init(ServletConfig config) throws ServletException {
        super.init(config);
    }
    public void doPost(HttpServletRequest request,HttpServletResponse response)
                    throws ServletException,IOException    {
        SaveNumber bean = new SaveNumber();              //创建 JavaBean 对象
        request.setAttribute("aver",bean);              //将 bean 存储到 request 对象中
        double a = Double.parseDouble(request.getParameter("firstNumber"));
        double b = Double.parseDouble(request.getParameter("secondNumber"));
        bean.setFirstNumber(a);                          //将数据存储在 bean 中
        bean.setSecondNumber(b);
        bean.setType("代数平均值");
        //计算代数平均值
        double aver = (a + b)/2;
        bean.setResult(aver);
        RequestDispatcher dispatcher = request.getRequestDispatcher("showResult.jsp");
        dispatcher.forward(request,response);        //请求 showResult.jsp 显示 bean 中的数据
    }
    public  void  doGet(HttpServletRequest request,HttpServletResponse response)
```

```
                        throws ServletException,IOException  {
        SaveNumber bean = new SaveNumber();
        request.setAttribute("aver",bean);
        double a = Double.parseDouble(request.getParameter("firstNumber"));
        double b = Double.parseDouble(request.getParameter("secondNumber"));
        bean.setFirstNumber(a);
        bean.setSecondNumber(b);
        bean.setType("几何平均值");
        //计算几何平均值
        double aver = Math.sqrt(a * b);
        bean.setResult(aver);
        RequestDispatcher dispatcher = request.getRequestDispatcher("showResult.jsp");
        dispatcher.forward(request,response);
    }
}
```

第 9 章　“星星”书屋(综合实训)

第 9 章设计实现一个网上图书查询与订购系统,其目的是掌握一般 Web 应用中常用基本模块的开发方法。系统采用 JSP+Tag 模式实现各个模块,重点突出 JSP 页面和 Tag 文件的作用,尽可能让页面简洁。学生在阅读本章给出的系统基本模块后,不仅可以进行页面的美化工作,而且也可以增加更多的功能模块,以便熟悉 JSP+Tag 的开发模式。

JSP 引擎为 Tomcat8.0,数据库管理系统是 MySQL。

9.1　系统主要模块

系统主要模块如图 9-1 所示。

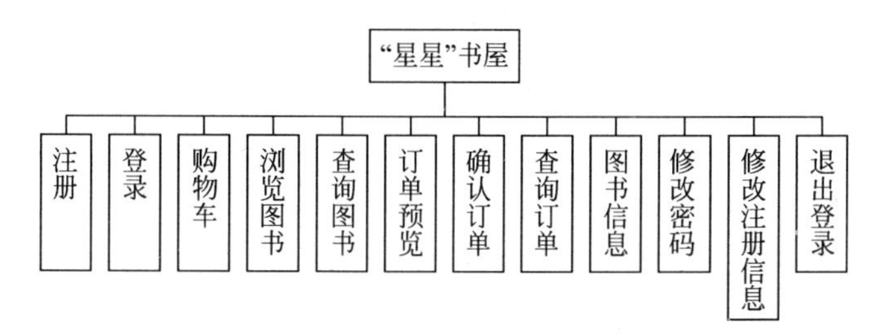

图 9-1　主要模块

(1) 注册:用户填写表单,包括注册的用户名、E-mail 地址等信息。如果输入的用户名已经被其他用户注册使用,系统提示新用户更改自己的注册用户名。

(2) 登录:输入注册的用户名、密码。如果用户输入的用户名或密码有错误,系统将显示错误信息。

(3) 浏览图书:用户不必注册和登录可直接进入该页面浏览图书的相关信息,但是当用户将欲购买的图书放入自己的购物车时,系统将要求用户必须登录。

(4) 图书查询:用户不必注册和登录可直接进入该页面,在该页面用户可以按图书的 ISBN、名称或作者进行查询操作,但是当用户将欲购买的图书放入自己的购物车时,系统将要求用户必须登录。

(5) 购物车:登录的用户可以将欲购买的图书放入购物车。

(6) 订单预览:登录的用户可以预览自己的订单。

(7) 确认订单:登录的用户可以确认自己的订单。

(8) 查询订单:登录的用户可以查询自己的全部订单。

(9) 图书信息:用户(不必登录)可以查看图书的内容摘要。

(10) 修改密码：成功登录的会员可以在该页面修改自己的登录密码，如果用户直接进入该页面或没有成功登录就进入该页面，将被链接到“会员登录”页面。

(11) 修改注册信息：成功登录的会员可以在该页面修改自己的注册信息，比如联系电话、通信地址等，如果用户直接进入该页面或没有成功登录就进入该页面，将被链接到“会员登录”页面。

(12) 退出登录：成功登录的用户可以使用该模块退出登录。

用户与各个模块的主要关系如图 9-2 所示。

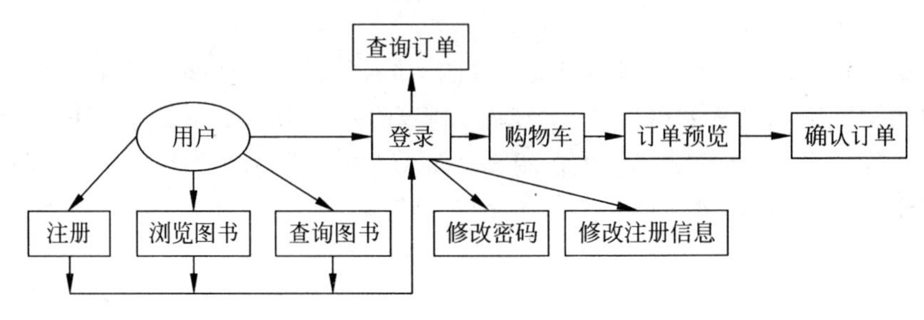

图 9-2　用户与主要模块的关系

9.2　数据库设计与连接

9.2.1　数据库设计

使用 MySQL 建立一个数据库 bookshop，该库共有三个表，以下是这些表的名称、结构和用途(有关建立数据库和表的操作细节见主教材的 6.1 节)。

1. user 表

表名：user。

结构：如图 9-3 所示。

栏位 | 索引 | 外键 | 触发器 | 选项 | 注释 | SQL 预览

名	类型	长度	小数点	允许空值(	
logname	char	20	0	☐	1
password	char	20	0	☑	
phone	char	20	0	☑	
email	char	20	0	☑	
address	char	200	0	☑	
realname	char	100	0	☑	

图 9-3　user 表

用途：存储用户的注册信息。即会员的注册信息存入 usr 表中，usr 表的主键是 logname，各个字段值的说明如下：

logname ：存储注册的用户名(属性是字符型)。

password ：存储登录密码(属性是字符型)。

phone ：存储电话(属性是字符型)。

email：存储邮件(属性是字符型)。

addess：存储通信地址(属性是字符型)。

realname：存储真实姓名(属性是字符型)。

2. bookForm 表

表名：bookForm。

结构：如图 9-4 所示。

栏位 | 索引 | 外键 | 触发器 | 选项 | 注释 | SQL 预览

名	类型	长度	小数点	允许空值(	
bookPic	char	100	0	☑	
bookISBN	char	50	0	☐	🔑1
bookName	char	255	0	☑	
bookAuthor	char	255	0	☑	
bookPrice	float	4	0	☑	
bookPublish	char	200	0	☑	
bookAbstract	char	255	0	☑	

图 9-4　bookForm 表

用途：存储图书信息，bookForm 表的主键是 bookISBN，各个字段值的说明如下：

bookPic：存储和图书相关的一幅图像文件的名字。

bookISBN：存储图书的 ISBN 号码(属性是字符型)。

bookName：存储图书的名称(属性是字符型)。

bookAuthor：存储图书的作者(属性是字符型)。

bookPrice：存储图书的价格(属性是单精度浮点型)。

bookPublish：存储图书的出版商(属性是字符型)。

bookAbstract：存储图书摘要(属性是字符型)。

3. orderForm 表

表名：orderForm。

结构：如图 9-5 所示。

名	类型	长度	小数点	允许空值(	
orderNumber	smallint	11	0	☐	🔑1
logname	char	20	0	☐	
orderMess	char	255	0	☑	
sum	float	0	0	☑	

图 9-5　orderForm 表

用途：存储订单信息，orderForm 表的主键是 orderNumber，各个字段值的说明如下：

orderNumber：存储订单号(属性是中文或 smallint 型)。

logname：存储注册的用户名(属性是字符型)。

orderMess：存储订单信息(属性是字符型)。

sum：存储所定图书的价格总和(属性是单精度浮点型)。

读者可以参见主教材的 6.1 节选择自己喜欢的方式，比如，用某种 MySQL 客户端管理工具创建数据库 bookshop 和上述相关的表。

9.2.2 连接数据库

避免操作数据库出现中文乱码，需要使用

```
Connection getConnection(java.lang.String)
```

方法建立连接,连接中的代码是(用户是 root,其密码是空):

```
String uri = "jdbc:mysql://127.0.0.1/bookshop?" +
             "user = root&password = &characterEncoding = gb2312";
Connection con = DriverManager.getConnection(uri);
```

9.3 系统管理

本系统使用的 Web 服务目录是 chapter9,是在 Tomcat 安装目录的 webapps 目录下建立的 Web 服务目录。

需要在当前 web 服务目录下建立如下的目录结构:

```
chapter9\WEB - INF\tags
```

网站所涉及的 JSP 页面和图像均保存在 chapter9 中; Tag 文件保存在 chapter9\WEB-INF\tags 目录中。为了让 Tomcat 服务器启用上述目录,必须重新启动 Tomcat 服务器。

1. 页面管理

所有的页面将包括一个导航条,该导航条由注册、登录、浏览图书、修改密码等组成。为了便于维护,其他页面通过使用 JSP 的<%@ include …%>标记将导航条文件 head.txt 嵌入到自己的页面。head.txt 保存在 Web 服务目录 chapter9 中。head.txt 的内容如下:

head.txt

```
<%@ page contentType = "text/html;charset = GB2312" %>
<div align = "center">
  <H2>"星星"书屋</H2>
  <table cellSpacing = "1" cellPadding = "1" width = "760" align = "center" border = "0" >
   <tr valign = "bottom">
   <td><A href = "register.jsp"><font size = 2>用户注册</font></A></td>
   <td><A href = "login.jsp"><font size = 2>用户登录</font></A></td>
   <td><A href = "queryOrderForm.jsp"><font size = 2>查看订单</font></A></td>
   <td><A href = "lookPurchase.jsp"><font size = 2>查看购物车</font></A></td>
   <td><A href = "lookBook.jsp"><font size = 2>浏览图书</font></A></td>
   <td><A href = "findBook.jsp"><font size = 2>图书查询</font></A></td>
   <td><A href = "modifyRegister.jsp "><font size = 2>修改注册信息</font></A></td>
   <td><A href = "modifyPassword.jsp"><font size = 2>修改密码</font></A></td>
   <td><A href = "exitLogin.jsp"><font size = 2>退出登录</font></A></td>
   <td><A href = "index.jsp"><font size = 2>返回主页</font></A></td>
  </tr>
  </Font>
</table>
</div>
```

主页 index.jsp 由导航条、一句欢迎标语和一幅图片 welcome.jpg 组成,welcome.jpg 保存在 chapter9 中。

用户可以通过在浏览器的地址栏中输入"http://服务器 IP:8080/index.jsp"或

"http://服务器 IP:8080/"访问该主页。主页运行效果如图 9-6 所示。

图 9-6 主页 index.jsp

index.jsp(效果如图 9-6 所示)

```
<%@ page contentType="text/html;charset=GB2312" %>
<html>
<head>
  <title>网上图书销售系统</title>
</head>
<body>
<%@ include file="head.txt" %>
   <center>
   <h1><Font Size=4 color=green>欢迎浏览并订购图书</font></h1>
   <image src="welcome.jpg" width=300 height=200></image>
   </center>
</body>
</html>
```

2. Tag 文件的管理

在当前 Web 服务目录 chapter9 下建立如下的目录结构:

```
chapter9\WEB-INF\tags
```

网站所涉及 Tag 文件保存在 chapter9\WEB-INF\tags 目录中。

9.4 用户注册

该模块要求用户必须输入用户名、密码信息,否则不允许注册。用户的注册信息被存入数据库的 user 表中。

模块由一个 JSP 页面 register.jsp 和一个 Tag 文件 Register.tag 构成。register.jsp 页面负责提交用户的注册信息到本页面,然后调用 Tag 文件 Register.tag。Register.tag 负责

将用户提交的信息写入数据库的 user 表中。

1. JSP 页面

register.jsp 页面负责提供输入注册信息界面,并显示注册反馈信息。该页面将用户提交的注册信息交给 Register.tag 文件,并显示 Tag 文件返回的有关注册是否成功的信息。register.jsp 页面效果如图 9-7 所示。

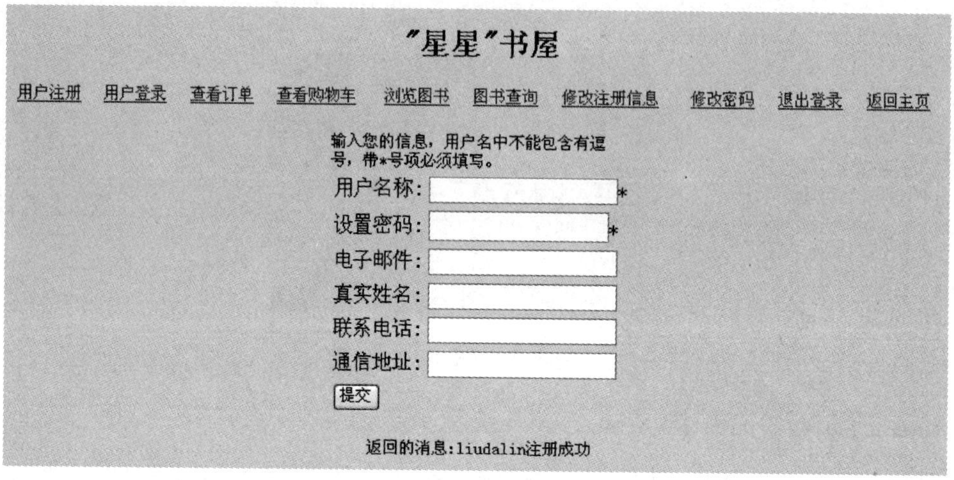

图 9-7 注册页面

register.jsp(效果如图 9-7 所示)

```
<%@ page contentType = "text/html;charset = GB2312" %>
<HEAD><%@ include file = "head.txt" %></HEAD>
<%@ taglib tagdir = "/WEB-INF/tags" prefix = "register" %>
<title>注册页面</title>
<HTML>
<BODY bgcolor = cyan><Font size = 2>
<CENTER>
<FORM action = "" method = "post" name = form>
<table>
    输入您的信息,用户名中不能包含有逗号,带*号项必须填写
   <tr><td>用户名称:</td><td><Input type = text name = "logname" >*</td></tr>
   <tr><td>设置密码:
   </td><td><Input type = password name = "password">*</td></tr>
   <tr><td>电子邮件:</td><td><Input type = text name = "email"></td></tr>
   <tr><td>真实姓名:</td><td><Input type = text name = "realname"></td></tr>
   <tr><td>联系电话:</td><td><Input type = text name = "phone"></td></tr>
   <tr><td>通信地址:</td><td><Input type = text name = "address"></td></tr>
   <tr><td><Input type = submit name = "g" value = "提交"></td> </tr>
</table>
</Form>
</CENTER>
<% String logname = request.getParameter("logname");
    String password = request.getParameter("password");
    String email = request.getParameter("email");
    String realname = request.getParameter("realname");
```

```
    String phone = request.getParameter("phone");
    String address = request.getParameter("address");
%>
<register:Register logname = "<% = logname %>"
                        password = "<% = password %>"
                        email = "<% = email %>"
                        realname = "<% = realname %>"
                        phone = "<% = phone %>"
                        address  = "<% = address %>" />
<Center><P>返回的消息:<% = backMess  %></Center>
</Body></HTML>
```

2. Tag 文件

Tag 文件的名字是 Register.tag。Register.tag 负责连接数据库,将用户提交的信息写入 user 表,并返回有关注册是否成功的信息给 register.jsp 页面。

Register.Tag

```
<%@ tag import = "java.sql.*" %>
<%@ tag pageEncoding = "gb2312" %>
<%@ attribute name = "logname" required = "true" %>
<%@ attribute name = "password" required = "true" %>
<%@ attribute name = "email" required = "true" %>
<%@ attribute name = "address" required = "true" %>
<%@ attribute name = "realname" required = "true" %>
<%@ attribute name = "phone" required = "true" %>
<%@ variable name - given = "backMess" scope = "AT_END" %>
<% boolean boo = true;
    if(logname!= null){
        if(logname.contains(",")||logname.contains(","))
            boo = false;
    }
    if(boo){
      try{ Class.forName("com.mysql.jdbc.Driver");
      }
      catch(ClassNotFoundException e){
        out.print(e);
      }
      Connection con;
      Statement sql;
      ResultSet rs;
      String condition = "INSERT INTO user VALUES";
      condition + = "(" + "'" + logname;
      condition + = "','" + password;
      condition + = "','" + phone;
      condition + = "','" + email;
      condition + = "','" + address;
      condition + = "','" + realname + "')";
      try{
         byte [] b = condition.getBytes("iso - 8859 - 1");
         condition = new String(b);
```

```
                String uri = "jdbc:mysql://127.0.0.1/bookshop?" +
                  "user = root&password = &characterEncoding = gb2312";
                con = DriverManager.getConnection(uri);
                sql = con.createStatement();
                sql.executeUpdate(condition);
                con.close();
                byte [] c = logname.getBytes("iso - 8859 - 1");
                logname = new String(c);
                String mess = logname + "注册成功";
                jspContext.setAttribute("backMess",mess);
                con.close();
            }
            catch(Exception e){
             jspContext.setAttribute("backMess","没有填写用户名或用户名已经被注册");
            }
        }
        else{
                jspContext.setAttribute("backMess","注册失败(用户名中不能有逗号)");
        }
%>
```

9.5 会员登录

用户在该模块输入曾注册的用户名和密码,模块将对用户名和密码进行验证,如果输入的用户名或密码有错误,将提示用户输入的用户名或密码不正确。

模块由一个 JSP 页面 login.jsp 和一个 Tag 文件 Login.tag 构成,JSP 页面负责提交用户的登录信息到本页面,然后页面调用 Login.tag 文件。Login.tag 负责验证用户名和密码是否正确,并返回登录是否成功的消息给 login.jsp 页面。

1. JSP 页面

JSP 页面 login.jsp 负责提交用户的登录信息到本页面,然后页面调用 Login.tag 文件,并负责显示 Login.tag 文件的反馈信息,比如登录是否成功等。login.jsp 效果如图 9-8 所示。

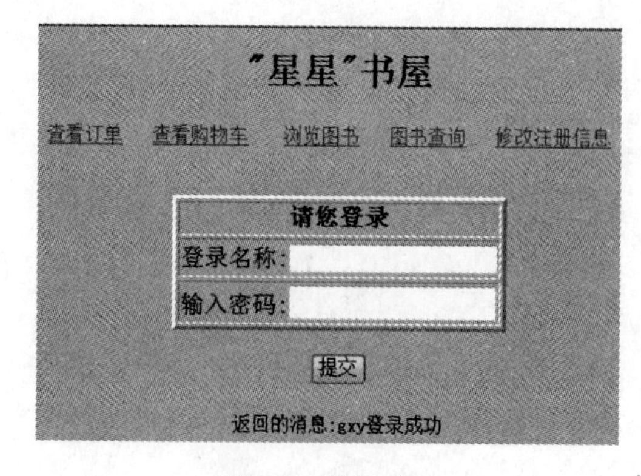

图 9-8 登录页面

login.jsp(效果如图 9-8 所示)

```
<%@ page contentType = "text/html;charset = GB2312" %>
<%@ taglib tagdir = "/WEB - INF/tags" prefix = "login" %>
<HEAD><%@ include file = "head.txt" %></HEAD>
<title> 登录页面 </title>
<HTML>
<BODY bgcolor = pink><Font size = 2><CENTER>
<BR><BR>
<table border = 2>
<tr><th>请您登录</th></tr>
<FORM action = "" method = "post" name = "form">
<tr><td>登录名称:<Input type = text name = "logname"></td></tr>
<tr><td>输入密码:<Input type = password name = "password"></td></tr>
</table>
<BR><Input type = submit name = "g" value = "提交">
</Form>
</CENTER>
<% String logname = request.getParameter("logname");
    if(logname == null){
        logname = "";
    }
    String password = request.getParameter("password");
     if(password == null){
        password = "";
     }
%>
<login:Login logname = "<% = logname %>" password = "<% = password %>" />
<Center><P>返回的消息:<% = backMess %></Center>
</BODY></HTML>
```

2. Tag 文件

Login.tag 负责连接数据库,查询 user 表中的注册信息,以便验证用户名和密码是否正确,并返回登录是否成功的消息给 JSP 页面 login.jsp。如果用户登录成功,就将 logname 和 password 用逗号连接并存放到用户的会话 session 中(程序必要时需要验证会话中的 logname 和 password)。

Login.tag

```
<%@ tag import = "java.sql.*" %>
<%@ tag pageEncoding = "gb2312" %>
<%@ attribute name = "logname" required = "true" %>
<%@ attribute name = "password" required = "true" %>
<%@ variable name - given = "backMess" scope = "AT_END" %>
<% byte [] a = logname.getBytes("iso - 8859 - 1");
    logname = new String(a);
    byte [] b = password.getBytes("iso - 8859 - 1");
    password = new String(b);
    String mess = "";
    try{ Class.forName("com.mysql.jdbc.Driver");
    }
```

```
        catch(ClassNotFoundException e){
             out.print(e);
        }
        Connection con;
        Statement sql;
        ResultSet rs;
        String loginMess = (String)session.getAttribute("logname");
        if(loginMess == null){
            loginMess = "* * * * * * * * * * * * *";
        }
        String str = logname + "," + password; //如果登录成功就把用户名和密码存放到 session 中
        if(loginMess.equals(str)){
               mess = logname + "已经登录了";
        }
        else{ boolean boo = (logname.length()> 0)&&(password.length()> 0);
               try{ String uri  =  "jdbc:mysql://127.0.0.1/bookshop?" +
                      "user = root&password = &characterEncoding = gb2312";
                    con  =  DriverManager.getConnection(uri);
                    String condition =
                    "select * from user where logname  =  '" +
                     logname + "' and password  = '" + password + "'";
                    sql = con.createStatement();
                    if(boo) {
                      rs = sql.executeQuery(condition);
                      boolean m = rs.next();
                      if(m == true) {
                         mess = logname + "登录成功";
                         str = logname + "," + password;
                         ////如果登录成功就把用户名和密码存放到 session 中
                         session.setAttribute("logname",str);
                      }
                      else {
                         mess = "您输入的用户名" + logname + "不存在或密码不般配";
                      }
                    }
                    else {
                       mess = "还没有登录或您输入的用户名不存在或密码不般配";
                    }
                    con.close();
                 }
              catch(SQLException exp){
                    mess = "问题:" + exp;
              }
        }
        jspContext.setAttribute("backMess",mess);
%>
```

9.6 浏览图书信息

该模块由一个 JSP 页面 lookBook.jsp 和一个 Tag 文件 ShowBookByPage.tag 构成。lookBook.jsp 负责调用 Tag 文件 ShowBookByPage.tag 文件，ShowBookByPage.tag 文件

负责显示图书信息。

1. JSP 页面

lookBook.jsp 负责调用 Tag 文件 ShowBookByPage.tag 文件，并将有关数据源、表的名称以及需要显示的页码等信息传递给该 Tag 文件，然后显示 Tag 文件返回的有关信息。lookBook.jsp 的效果如图 9-9 所示。

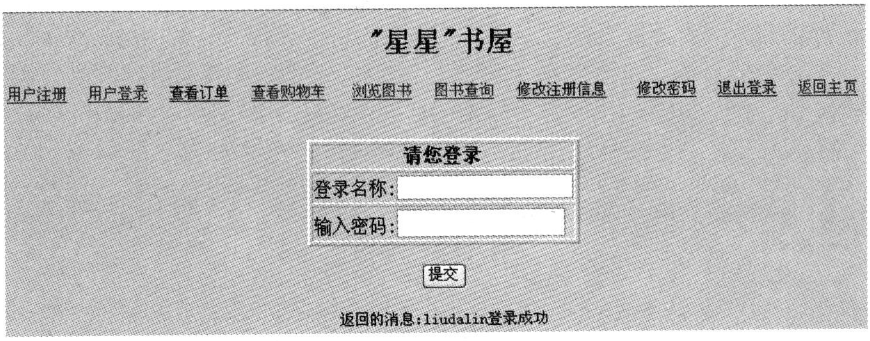

图 9-9　浏览图书页面

lookBook.jsp(效果如图 9-9 所示)

```
<%@ page contentType = "text/html;charset = GB2312" %>
<%@ taglib tagdir = "/WEB-INF/tags" prefix = "showBookByPage" %>
<%@ include file = "head.txt" %></HEAD>
<HTML><Body bgcolor = "#9cfe7a"><center>
<% String number = request.getParameter("page");
    if(number == null){
        number = "1";
    }
    String amount = "2" ;                          //每页显示的记录数目
%>
<BR>每页最多显示<% = amount %>本图书
<showBookByPage:ShowBookByPage dataBaseName = "bookshop"
                               tableName = "bookForm"
                               bookAmountInPage = "<% = amount %>"
                               zuduanAmount = "6"
                               page = "<% = number %>"/>
  <BR>共有<% = pageAllCount %>页,当前显示第<% = showPage %>页
  <BR><% = giveResult %>
  <%
      int m = showPage.intValue();
   %>
  <a href = "lookBook.jsp?page = <% = m + 1 %>">下一页</a>
  <a href = "lookBook.jsp?page = <% = m - 1 %>">上一页</a>
  <form action = "">
   输入页码:<Input type = text name = "page" >
   <Input type = submit value = "提交">
  </form>
</BODY></HTML>
```

2. Tag文件

ShowBookByPage.tag负责连接数据库,查询bookForm表,并以分页显示记录的形式将查询到的图书信息反馈给JSP页面lookBook.jsp。bookForm表的bookPic字段的值指定的图书封面的图像文件的名字,对应的图像文件保存在Web服务目录chapter9中。

ShowBookByPage.tag

```
<%@ tag import = "java.sql.*" %>
<%@ tag import = "com.sun.rowset.*" %>
<%@ tag pageEncoding = "gb2312" %>
<%@ attribute name = "dataBaseName" required = "true" %>
<%@ attribute name = "tableName" required = "true" %>
<%@ attribute name = "bookAmountInPage" required = "true" %>
<%@ attribute name = "page" required = "true" %>
<%@ attribute name = "zuduanAmount" required = "true" %>
<%@ variable name-given = "showPage"
variable-class = "java.lang.Integer" scope = "AT_END" %>
<%@ variable name-given = "pageAllCount"
variable-class = "java.lang.Integer" scope = "AT_END" %>
<%@ variable name-given =
"giveResult" variable-class = "java.lang.StringBuffer" scope = "AT_END" %>
<% try{ Class.forName("com.mysql.jdbc.Driver");
    }
    catch(ClassNotFoundException e){
         out.print(e);
    }
    Connection con;
    Statement sql;
    ResultSet rs;
    int pageSize = Integer.parseInt(bookAmountInPage);    //每页显示的记录数
    int allPages = 0;                                      //分页后的总页数
    int show = Integer.parseInt(page);                     //当前显示页
    StringBuffer presentPageResult;                        //当前页上的内容
    CachedRowSetImpl rowSet;
    presentPageResult = new StringBuffer();
    String uri = "jdbc:mysql://127.0.0.1/" + dataBaseName + "?" +
                 "user = root&password = &characterEncoding = gb2312";
    try{ con = DriverManager.getConnection(uri);
         sql = con.createStatement(ResultSet.TYPE_SCROLL_SENSITIVE,
                     ResultSet.CONCUR_READ_ONLY);
         String s = "select * from " + tableName;
         rs = sql.executeQuery(s);
         int m = 0,n = 0;
         rowSet = new CachedRowSetImpl();               //创建行集对象
         rowSet.populate(rs);
         con.close();                                   //关闭连接
         rowSet.last();
         m = rowSet.getRow();                           //总行数
         if(m >= 1) {
           n = pageSize;
           allPages = ((m % n) == 0)?(m/n):(m/n + 1);
```

```
int p = Integer.parseInt(page);
if(p > allPages)
  p = 1;
if(p <= 0)
  p = allPages;
jspContext.setAttribute("showPage",new Integer(p));
jspContext.setAttribute("pageAllCount",new Integer(allPages));
presentPageResult.append("<table border = 1>");
presentPageResult.append("<tr>");
presentPageResult.append("<th>封面</td>");
presentPageResult.append("<th> ISBN </td>");
presentPageResult.append("<th>图书名称</td>");
presentPageResult.append("<th>作者</td>");
presentPageResult.append("<th>价格</td>");
presentPageResult.append("<th>出版社</td>");
presentPageResult.append("</tr>");
rowSet.absolute((p - 1) * pageSize + 1);
int 字段个数 = 6;
字段个数 = Integer.parseInt(zuduanAmount);
for(int i = 1;i <= pageSize;i++){
  presentPageResult.append("<tr>");
  String bookISBN = "";
  for(int k = 1;k <= 字段个数;k++) {
       if(k == 1){
          String bookPic = "<image src = " + rowSet.getString(k) +
            " width = 70 height = 100/>";
          presentPageResult.append("<td>" + bookPic + "</td>");
       }
       else if(k == 2) {
          bookISBN = rowSet.getString(k);
          String bookISBNLink =
          "<a href = \"lookBookAbstract.jsp?bookISBN = " +
          bookISBN + "\">" + bookISBN + "</a>";
      presentPageResult.append("<td>" + bookISBNLink + "</td>");
       }
        else if(k == 3) {
          String bookName = rowSet.getString(k);
          String bookNameLink =
          "<a href = \"lookBookAbstract.jsp?bookISBN = " +
          bookISBN + "\">" + bookName + "</a>";
          presentPageResult.append("<td>" + bookNameLink + "</td>");
       }
       else {
presentPageResult.append("<td>" + rowSet.getString(k) + "</td>");
       }
  }
  String buy = "<a href = \"lookPurchase.jsp?buyISBN = "
               + bookISBN + "\">购买</a>";
  presentPageResult.append("<td>" + buy + "</td>");
  presentPageResult.append("</tr>");
  boolean boo = rowSet.next();
```

```
                if(boo == false) break;
              }
              presentPageResult.append("</table>");
              jspContext.setAttribute("giveResult",presentPageResult);
            }
            else {
               jspContext.setAttribute("showPage",new Integer(0));
               jspContext.setAttribute("pageAllCount",new Integer(0));
               jspContext.setAttribute
               ("giveResult",new StringBuffer("没有图书可浏览"));
            }
            con.close();
        }
        catch(SQLException exp){
             jspContext.setAttribute("showPage",new Integer(0));
             jspContext.setAttribute("pageAllCount",new Integer(0));
             jspContext.setAttribute("giveResult",new StringBuffer("" + exp));
        }
%>
```

9.7 查询图书

该模块由一个 JSP 页面 findBook.jsp 和一个 Tag 文件 FindBook.tag 构成。findBook.jsp 负责调用 Tag 文件 FindBook.tag 文件，FindBook.tag 文件负责显示图书信息。

1. JSP 页面

findBook.jsp 负责调用 Tag 文件 FindBook.tag 文件，并将有关数据源、表的名称以及 ISBN 号、作者姓名或图书名称等信息传递给 Tag 文件，然后显示 Tag 文件返回的有关信息。findBook.jsp 效果如图 9-10 所示。

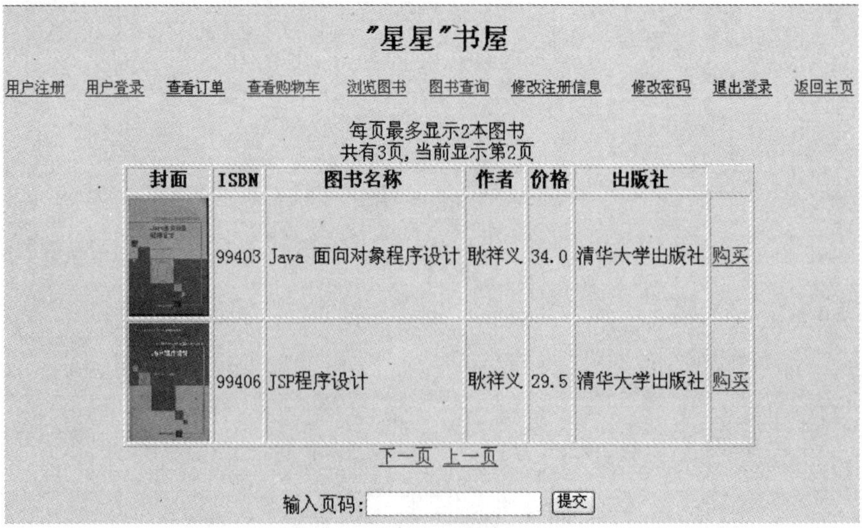

"星星"书屋

用户注册 用户登录 查看订单 查看购物车 浏览图书 图书查询 修改注册信息 修改密码 退出登录 返回主页

每页最多显示2本图书
共有3页，当前显示第2页

封面	ISBN	图书名称	作者	价格	出版社	
	99403	Java 面向对象程序设计	耿祥义	34.0	清华大学出版社	购买
	99406	JSP程序设计	耿祥义	29.5	清华大学出版社	购买

下一页 上一页

输入页码: 提交

图 9-10 图书查询页面

findBook.jsp(效果如图 9-10 所示)

```
<%@ page contentType = "text/html;charset = GB2312" %>
<%@ taglib tagdir = "/WEB-INF/tags" prefix = "findBook" %>
<%@ include file = "head.txt" %></HEAD>
<HTML>
<Body bgcolor = cyan><center>
<form action = "">
  输入查询内容:<Input type = text name = "findContent" value = "java">
      <Select name = "condition" size = 1>
        <Option Selected value = "bookISBN"> ISBN
        <Option value = "bookName">书名
        <Option value = "bookAuthor">作者
      </Select>
      <Br>
      <INPUT type = "radio" name = "findMethod" value = "start">前方一致
      <INPUT type = "radio" name = "findMethod" value = "end">后方一致
      <INPUT type = "radio" name = "findMethod" value = "contains">包含
       <Input type = submit value = "提交">
  </form>
<%
   String findContent  =  request.getParameter("findContent");
   String condition  =  request.getParameter("condition");
   String findMethod  =  request.getParameter("findMethod");
   if(findContent == null){
      findContent = "";
   }
   if(condition == null){
      condition = "";
   }
   if(findMethod == null){
      findMethod = "";
   }
%>
<BR>查询到的图书:
<findBook:FindBook dataSource = "bookshop"
                    tableName = "bookForm"
                    findContent = "<% = findContent %>"
                    condition = "<% = condition %>"
                    findMethod = "<% = findMethod %>"/>
  <BR><% = giveResult %>
  </form>
</BODY>
</HTML>
```

2. Tag 文件

FindBook.tag 负责连接数据库,查询 bookForm 表,并将查询到的图书信息反馈给 JSP 页面 findBook.jsp。

FindBook.tag

```
<%@ tag import = "java.sql.*" %>
<%@ tag pageEncoding = "gb2312" %>
<%@ attribute name = "dataSource" required = "true" %>
<%@ attribute name = "tableName" required = "true" %>
<%@ attribute name = "findContent" required = "true" %>
<%@ attribute name = "condition" required = "true" %>
<%@ attribute name = "findMethod" required = "true" %>
<%@ variable name-given = "giveResult" variable-class =
"java.lang.StringBuffer" scope = "AT_END" %>
<%
    byte b[] = findContent.getBytes("iso-8859-1");
    findContent = new String(b);
    try{ Class.forName("sun.jdbc.odbc.JdbcOdbcDriver");
    }
    catch(ClassNotFoundException e){
         out.print(e);
    }
    Connection con;
    Statement sql;
    ResultSet rs;
    StringBuffer queryResult = new StringBuffer();          //查询结果
    String uri = "jdbc:odbc:" + dataSource;
    try{ con = DriverManager.getConnection(uri,"","");
             sql = con.createStatement();
             String s = "";
             if(findMethod.equals("start"))
                s = "select * from " + tableName + " where " +
                condition + " Like'" + findContent + "%'";
             if(findMethod.equals("end"))
                s = "select * from " + tableName + " where " +
                condition + " Like'%" + findContent + "'";
             if(findMethod.equals("contains"))
                s = "select * from " + tableName + " where " +
                condition + " Like'%" + findContent + "%'";
             rs = sql.executeQuery(s);
             queryResult.append("<table border = 1>");
             queryResult.append("<tr>");
             queryResult.append("<th>封面</td>");
             queryResult.append("<th>ISBN</td>");
             queryResult.append("<th>图书名称</td>");
             queryResult.append("<th>作者</td>");
             queryResult.append("<th>价格</td>");
             queryResult.append("<th>出版社</td>");
             queryResult.append("</tr>");
             int 字段个数 = 6;
             while(rs.next()){
                queryResult.append("<tr>");
```

```
            String bookISBN = "";
            for(int k = 1;k <= 字段个数;k++) {
               if(k == 1){
                  String bookPic =
                 "< image src = " + rs.getString(k) + " width = 70 height = 100/>";
                     queryResult.append("< td >" + bookPic + "</td >");
               }
               else if(k == 2) {
                     bookISBN = rs.getString(k);
                     String bookISBNLink = "< a href = \"lookBookAbstract.jsp?bookISBN = " +
                                           bookISBN + "\">" + bookISBN + "</a >";
                     queryResult.append("< td >" + bookISBNLink + "</td >");
               }
               else if(k == 3) {
                     String bookName = rs.getString(k);
                     String bookNameLink = "< a href = \"lookBookAbstract.jsp?bookISBN = " +
                                           bookISBN + "\">" + bookName + "</a >";
                     queryResult.append("< td >" + bookNameLink + "</td >");
                  }
               else {
                     queryResult.append("< td >" + rs.getString(k) + "</td >");
               }
            }
            String buy = "< a href = \"lookPurchase.jsp?buyISBN = "
                  + bookISBN + "\">购买</a >";
            queryResult.append("< td >" + buy + "</td >");
         }
         queryResult.append("</table >");
         jspContext.setAttribute("giveResult",queryResult);
         con.close();
      }
      catch(SQLException exp){
         jspContext.setAttribute("giveResult",new StringBuffer("请给出查询条件"));
      }
%>
```

9.8 查看购物车

该模块由一个 JSP 页面 lookPurchase.jsp 和一个 Tag 文件 LookPurchase.tag 构成。lookPurchase.jsp 负责调用 Tag 文件 LookPurchase.tag，LookPurchase.tag 文件负责显示用户购物车(session 对象)中的图书。

1. JSP 页面

lookPurchase.jsp 负责将用户购买的图书添加到用户的购物车(session 对象)，并可以根据用户的选择从购物车中删除曾添加到购物车中的图书。lookPurchase.jsp 负责调用 Tag 文件 LookPurchase.tag 文件，并显示 Tag 文件返回的有关信息。用户在 lookPurchase.jsp 页面可以确定是否生成订单。lookPurchase.jsp 效果如图 9-11 所示。

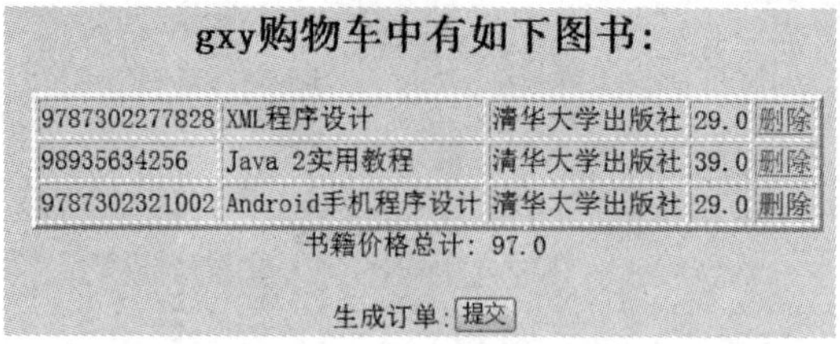

gxy购物车中有如下图书:

9787302277828	XML程序设计	清华大学出版社	29.0	删除
98935634256	Java 2实用教程	清华大学出版社	39.0	删除
9787302321002	Android手机程序设计	清华大学出版社	29.0	删除

书籍价格总计: 97.0

生成订单:提交

图 9-11　购物车页面

lookPurchase.jsp(效果如图 9-11 所示)

```
<%@ page contentType = "text/html;charset = GB2312" %>
<%@ taglib tagdir = "/WEB - INF/tags" prefix = "lookPurchase" %>
<HEAD><%@ include file = "head.txt" %></HEAD>
<title> 查看购物车 </title>
<html>
<body bgcolor = cyan><center>
<% boolean isAdd = false;
     String logname = (String)session.getAttribute("logname");
     if(logname!= null){
        int m = logname.indexOf(",");
        logname = logname.substring(0,m);
        isAdd = true;
     }
     else{
        response.sendRedirect("login.jsp");
     }
     String buyISBN = request.getParameter("buyISBN");
     if((buyISBN!= null)&&isAdd){
        session.setAttribute(buyISBN + "," + logname,buyISBN);
     }
     String deletedISBN = request.getParameter("deletedISBN");
     if((deletedISBN!= null)&&isAdd){
        session.removeAttribute(deletedISBN + "," + logname);
     }
%>
    <lookPurchase:LookPurchase logname = "<% = logname %>"/>
    <h2><% = logname %>购物车中有如下图书:</h2>
    <% = giveResult %>
    书籍价格总计:
    <% = price %>
   <form action = "previewOrderForm.jsp">
     生成订单:<Input type = submit name = "g" value = "提交">
   </form>
</center>
</body></html>
```

2. Tag 文件

LookPurchase.tag 文件负责显示用户购物车(session 对象)中的图书,并计算出购物车中图书的总价,然后将这些信息返回给 lookPurchase.jsp 页面。

LookPurchase. tag

```
<%@ tag import = "java.sql. * " %>
<%@ tag import = "java.util. * " %>
<%@ tag pageEncoding = "gb2312" %>
<%@ attribute name = "logname" required = "true" %>
<%@ variable name - given = "giveResult" variable - class =
"java.lang.StringBuffer" scope = "AT_END" %>
<%@ variable name - given = "price" variable - class =
"java.lang.Float" scope = "AT_END" %>
<% float totalPrice = 0;
    String bookISBN;
    String bookName;
    String bookPublish;
    float bookPrice;
    String uri = "jdbc:mysql://127.0.0.1/bookshop?" +
               "user = root&password = &characterEncoding = gb2312";
    Connection con;
    Statement sql;
    ResultSet rs;
    StringBuffer str = new StringBuffer();
    try{ Class.forName("com.mysql.jdbc.Driver");
    }
    catch(ClassNotFoundException e){
        str.append(e);
    }
    Enumeration keys = session.getAttributeNames();
    str.append("<table border = 2>");
    while(keys.hasMoreElements()) {
        String key = (String)keys.nextElement();
        boolean isTrue = (!(key.equals("logname")))&&(key.endsWith(logname));
        if(isTrue){
           bookISBN = (String)session.getAttribute(key);
           String sqlStatement =
          "select * from bookForm where bookISBN = '" + bookISBN + "'" ;
           try{
               con = DriverManager.getConnection(uri);
               sql = con.createStatement();
               rs = sql.executeQuery(sqlStatement);
               while(rs.next()){
                  bookISBN = rs.getString("bookISBN");
                  bookName = rs.getString("bookName");
                  bookPublish = rs.getString("bookPublish");
                  bookPrice = rs.getFloat("bookPrice");
                  totalPrice = totalPrice + bookPrice;
                  str.append("<tr>");
                  str.append("<td>" + bookISBN + "</td>");
                  str.append("<td>" + bookName + "</td>");
                  str.append("<td>" + bookPublish + "</td>");
                  str.append("<td>" + bookPrice + "</td>");
                  String del =
```

```
"<a href = \"lookPurchase.jsp?deletedISBN = " + bookISBN + "\">删除</a>";
                    str.append("<td>" + del + "</td>");
                    str.append("</tr>");
                }
                con.close();
            }
            catch(SQLException exp){
                str.append(exp);
            }
        }
    }
    str.append("</table>");
    jspContext.setAttribute("giveResult",str);
    jspContext.setAttribute("price",new Float(totalPrice));
%>
```

9.9 订单预览

该模块由一个 JSP 页面 previewOrderForm.jsp 和一个 Tag 文件 PreviewOrderForm.tag 构成。previewOrderForm.jsp 负责调用 Tag 文件 PreviewOrderForm.tag，并显示 PreviewOrderForm.tag 文件返回的待确定的订单。

1. JSP 页面

用户在查看购物车后，如果单击用来生成订单的"提交"按钮，previewOrderForm.jsp 页面负责调用 Tag 文件 LookPurchase.tag，显示 Tag 文件根据购物车中的图书信息生成的订单。用户在 previewOrderForm.jsp 页面可以选择是否确定订单。previewOrderForm.jsp 效果如图 9-12 所示。

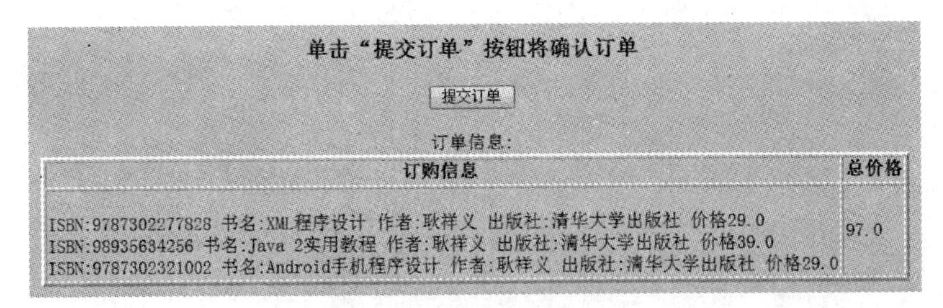

图 9-12 订单预览页面

previewOrderForm.jsp(效果如图 9-13 所示)

```
<%@ page contentType = "text/html;charset = GB2312" %>
<%@ taglib tagdir = "/WEB - INF/tags" prefix = "previewOrderForm" %>
<HEAD><%@ include file = "head.txt" %></HEAD>
<title>当前订单(预览)</title>
<%
    String logname = (String)session.getAttribute("logname");
    if(logname!= null){
      int m = logname.indexOf(",");
```

```
        logname = logname.substring(0,m);
%>
        <previewOrderForm:PreviewOrderForm logname = "<% = logname %>" />
        <HTML><body bgcolor = #FFCC00 ><center>
        <h3>单击"提交订单"按钮将确认订单</h3>
        <form action = "makeBookForm.jsp">
            <Input type = hidden name = "confirm" value = "buy">
            <Input type = hidden name = "orderContent" value = "<% = giveResult %>">
            <Input type = hidden name = "totalPrice" value = "<% = totalPrice %>">
            <center><Input type = submit name = "g" value = "提交订单"></center>
        </form>
        订单信息:<br>
        <table border = 2>
           <tr><th>订购信息</th>
               <th>总价格</th>
           </tr>
           <tr>
              <td><% = giveResult %></td>
              <td><% = totalPrice %></td>
           </tr>
        </center>
        </BODY></HTML>
<% }
      else{
         response.sendRedirect("login.jsp");
      }
%>
```

2. Tag 文件

PreviewOrderForm.tag 文件根据用户购物车中的图书生成订单，然后将订单返回给 previewOrderForm.jsp 页面。

PreviewOrderForm.tag

```
<%@ tag import = "java.util.*" %>
<%@ tag import = "java.sql.*" %>
<%@ tag pageEncoding = "gb2312" %>
<%@ attribute name = "logname" required = "true" %>
<%@ variable name-given = "giveResult"
variable-class = "java.lang.StringBuffer" scope = "AT_END" %>
<%@ variable name-given = "totalPrice"
     variable-class = "java.lang.Float" scope = "AT_END" %>
<%
      try{ Class.forName("com.mysql.jdbc.Driver");
      }
      catch(ClassNotFoundException e){
           out.print(e);
      }
      Connection con;
      Statement sql;
      ResultSet rs;
```

```
        StringBuffer orderMess = new StringBuffer();
        String uri = "jdbc:mysql://127.0.0.1/bookshop?" +
                "user = root&password = &characterEncoding = gb2312";
        try{
            con = DriverManager.getConnection(uri);
            sql = con.createStatement();
            Enumeration keys = session.getAttributeNames();
            float sum = 0;
            while(keys.hasMoreElements()){
            String key = (String)keys.nextElement();
             boolean isTrue =
             (!(key.equals("logname")))&&(key.endsWith(logname));
               if(isTrue) {
                   String bookISBN = (String)session.getAttribute(key);
                   String sqlStatement =
                   "select * from bookForm where bookISBN = '" + bookISBN + "'" ;
                   rs = sql.executeQuery(sqlStatement);
                   while(rs.next()){
                       bookISBN = rs.getString("bookISBN");
                       String bookName = rs.getString("bookName");
                       String bookAuthor = rs.getString("bookAuthor");
                       String bookPublish = rs.getString("bookPublish");
                       float bookPrice = rs.getInt("bookPrice");
                       sum = sum + bookPrice;
                       orderMess.append("<br> ISBN:" + bookISBN + " 书名:" + bookName +
                       " 作者:" + bookAuthor + " 出版社:" + bookPublish +
                       " 价格" + bookPrice);
                   }
               }
            }
            jspContext.setAttribute("giveResult",orderMess);
            jspContext.setAttribute("totalPrice",new Float(sum));
        }
        catch(SQLException exp){
            jspContext.setAttribute("giveResult",new StringBuffer("没有订单"));
            jspContext.setAttribute("totalPrice",new Float( - 1));
        }
%>
```

9.10 确认订单

该模块由一个 JSP 页面 makeBookForm.jsp 和一个 Tag 文件 MakeBookForm.tag 构成。makeBookForm.jsp 负责调用 Tag 文件 MakeBookForm.tag,并显示 MakeBookForm.tag 返回的确认的订单。

1. JSP 页面

makeBookForm.jsp 页面负责调用 Tag 文件 MakeBookForm.tag,并将订购图书的有关信息传递给该 Tag 文件。makeBookForm.jsp 效果如图 9-13 所示。

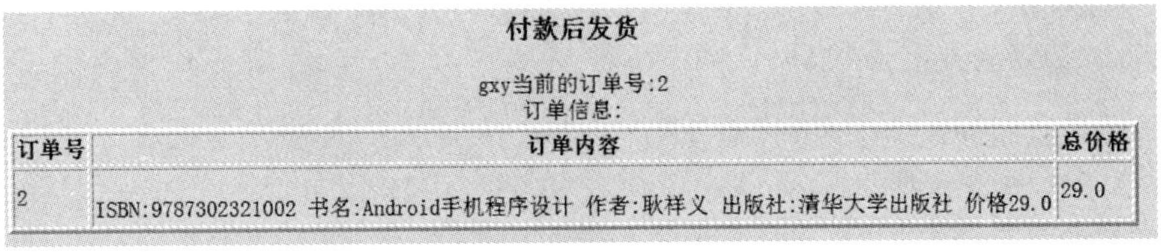

付款后发货

gxy当前的订单号:2
订单信息:

订单号	订单内容	总价格
2	ISBN:9787302321002 书名:Android手机程序设计 作者:耿祥义 出版社:清华大学出版社 价格29.0	29.0

图 9-13　确认的订单

makeBookForm.jsp(效果如图 9-13 所示)

```
<%@ page contentType="text/html;charset=GB2312" %>
<%@ taglib tagdir="/WEB-INF/tags" prefix="makeBookForm" %>
<HEAD><%@ include file="head.txt" %></HEAD>
<title>订单确认</title>
<%
    String logname=(String)session.getAttribute("logname");
    if(logname==null){
       response.sendRedirect("login.jsp");
    }
    else{
       int m=logname.indexOf(",");
       logname=logname.substring(0,m);
    }
    String confirm=request.getParameter("confirm");
    String orderContent=request.getParameter("orderContent");
   String totalPrice=request.getParameter("totalPrice");
    if(confirm==null){
        confirm="";
    }
    if(orderContent==null){
        orderContent="";
    }
    if(totalPrice==null){
        totalPrice="0";
    }
   if(confirm.equals("buy")){
%>      <makeBookForm:MakeBookForm logname="<%=logname%>"
             orderContent="<%=orderContent%>"
             totalPrice="<%=totalPrice%>" />
       <HTML><Body bgcolor=cyan><center>
       <h3>付款后发货</h3>
      <%=logname%>当前的订单号:<%=dingdanNumber%><br>
      订单信息:<br>
      <%= giveResult %>
      </center>
      </BODY></HTML>
<% }
%>
```

2. Tag 文件

MakeBookForm.tag 文件负责连接数据库,将订单写入数据库中的 orderForm 表,达到确定订单的目的,然后将订单信息返回给 makeBookForm.jsp 页面。

MakeBookForm.tag

```
<%@ tag import="java.sql.*" %>
<%@ tag import="java.util.*" %>
<%@ tag pageEncoding="gb2312" %>
<%@ attribute name="logname" required="true" %>
<%@ attribute name="orderContent" required="true" %>
<%@ attribute name="totalPrice" required="true" %>
<%@ variable name-given="giveResult" variable-class=
"java.lang.StringBuffer" scope="AT_END" %>
<%@ variable name-given="dingdanNumber"
          variable-class="java.lang.Long" scope="AT_END" %>
<%
    String user=(String)session.getAttribute("logname");
    if(user==null){
      response.sendRedirect("login.jsp");
    }
    float sum=Float.parseFloat(totalPrice);
    try{ Class.forName("sun.jdbc.odbc.JdbcOdbcDriver");
    }
    catch(ClassNotFoundException e){
         out.print(e);
    }
    Connection con;
    Statement sql;
    ResultSet rs;
    String uri= "jdbc:mysql://127.0.0.1/bookshop?"+
                "user=root&password=&characterEncoding=gb2312";
    int orderNumber=0;
    int max=orderNumber;
    String sqlStatement="";
    try{
            con=DriverManager.getConnection(uri);
            sql=con.createStatement(ResultSet.TYPE_SCROLL_SENSITIVE,
                                    ResultSet.CONCUR_READ_ONLY);
            rs=sql.executeQuery("SELECT * FROM orderForm");
            while(rs.next()){
               int n=rs.getInt("orderNumber");
               if(n>=max)
                  max=n;
            }
            orderNumber=max+1;
            sqlStatement="INSERT INTO orderForm VALUES ("+
            orderNumber+",'"+logname+"','"+orderContent+"',"+sum+")";
            byte [] bb=sqlStatement.getBytes("iso-8859-1");
            sqlStatement = new String(bb);
            sql.executeUpdate(sqlStatement);
            StringBuffer strMess=new StringBuffer();
            sqlStatement=
```

```
            "select * from orderForm where orderNumber = " + orderNumber ;
            rs = sql.executeQuery(sqlStatement);
            strMess.append("<table border = 2>");
            strMess.append("<tr>");
            strMess.append("<th>订单号</th>");
            strMess.append("<th>订单内容</th>");
            strMess.append("<th>总价格</th>");
            strMess.append("</tr>");
            while(rs.next()){
               String idNumber = rs.getString("orderNumber");
               String orderMess = rs.getString("orderMess");
               float priceSum = rs.getFloat("sum");
               strMess.append("<tr>");
                   strMess.append("<td>" + idNumber + "</td>");
                   strMess.append("<td>" + orderMess + "</td>");
                   strMess.append("<td>" + priceSum + "</td>");
               strMess.append("</tr>");
            }
            strMess.append("</table>");
            jspContext.setAttribute("giveResult",strMess);
            jspContext.setAttribute("dingdanNumber",new Long(orderNumber));
            con.close();
        }
        catch(SQLException exp){
            jspContext.setAttribute("giveResult",new StringBuffer("" + exp));
            jspContext.setAttribute("dingdanNumber",new Long( - 1));
        }
%>
```

9.11 查看订单

该模块由两个 JSP 页面 queryOrderForm.jsp、deleteOrderNumber.jsp 和一个 Tag 文件 QueryOrderForm.tag 构成。queryOrderForm.jsp 负责调用 Tag 文件 QueryOrderForm.tag 文件，并显示 QueryOrderForm.tag 返回的订单信息。deleteOrderNumber.jsp 负责删除订单。

1. JSP 页面

queryOrderForm.jsp 页面负责调用 Tag 文件 QueryOrderForm.tag，并将用户登录的用户名传递给该 Tag 文件，queryOrderForm.jsp 效果如图 9-14 所示。deleteOrderNumber.jsp 负责删除订单。效果如图 9-15 所示。

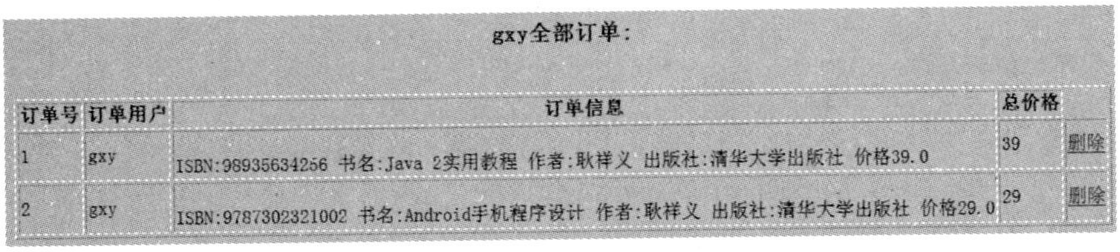

gxy全部订单：

订单号	订单用户	订单信息	总价格	
1	gxy	ISBN:98935634256 书名:Java 2实用教程 作者:耿祥义 出版社:清华大学出版社 价格39.0	39	删除
2	gxy	ISBN:9787302321002 书名:Android手机程序设计 作者:耿祥义 出版社:清华大学出版社 价格29.0	29	删除

图 9-14 查看订单

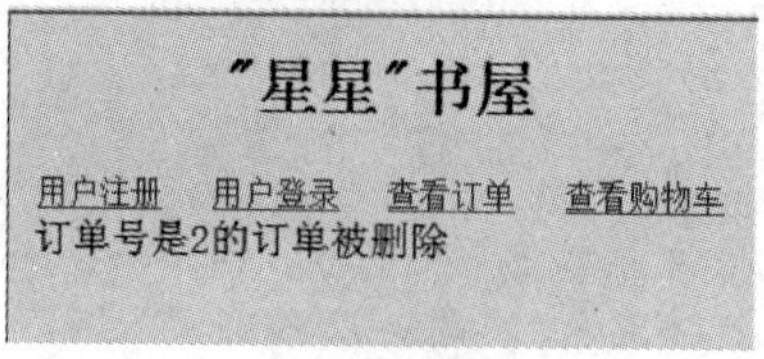

图 9-15 删除订单

queryOrderForm.jsp(效果如图 9-14 所示)

```
<%@ page contentType = "text/html;charset = GB2312" %>
<%@ taglib tagdir = "/WEB-INF/tags" prefix = "queryOrderForm" %>
<HEAD><%@ include file = "head.txt" %></HEAD>
<title>查看订单</title>
<%
    String logname = (String)session.getAttribute("logname");
    if(logname == null){
       response.sendRedirect("login.jsp");
    }
    else{
       int m = logname.indexOf(",");
       logname = logname.substring(0,m);
    }

%>
<queryOrderForm:QueryOrderForm logname = "<% = logname %>" />
<HTML><Body bgcolor  =  pink><center>
  <h3><%  = logname %>全部订单:</h3><br>
      <%  =  giveResult %>
      </center>
</BODY></HTML>
```

deleteOrderNumber.jsp(效果如图 9-16 所示)

```
<%@ page contentType = "text/html;charset = GB2312" %>
<HEAD><%@ include file = "head.txt" %></HEAD>
<%@ page import = "java.sql.*" %>
<HTML><BODY bgcolor = cyan>
<%
    String orderNumber = request.getParameter("deletedOrderNumber");
    int number  = Integer.parseInt(orderNumber);
    Connection con;
    Statement sql;
    ResultSet rs;
    try{ Class.forName("com.mysql.jdbc.Driver");
    }
    catch(Exception e){}
    try { String uri = "jdbc:mysql://127.0.0.1/bookshop?" +
                     "user = root&password = &characterEncoding = gb2312";
        con = DriverManager.getConnection(uri);

        String condition  =
```

```
            "DELETE FROM orderForm WHERE orderNumber  =  " + number;
            sql = con.createStatement();
            sql.executeUpdate(condition);
            out.print("订单号是" + number + "的订单被删除");
            con.close();
        }
        catch(SQLException e){
            out.print(e);
        }
%>
</BODY></HTML>
```

2. Tag 文件

QueryOrderForm.tag 文件负责连接数据库,查询 orderForm 表,然后将订单信息返回给 queryOrderForm.jsp 页面。

QueryOrderForm.tag

```
<%@ tag import = "java.sql.*"  %>
<%@ tag pageEncoding = "gb2312"  %>
<%@ attribute name = "logname" required = "true"  %>
<%@ variable name - given = "giveResult"
    variable - class = "java.lang.StringBuffer" scope = "AT_END"  %>
<%
    try{ Class.forName("com.mysql.jdbc.Driver");
    }
    catch(ClassNotFoundException e){
        out.print(e);
    }
    StringBuffer str = new StringBuffer();
    Connection con;
    Statement sql;
    ResultSet rs;
    String uri = "jdbc:mysql://127.0.0.1/bookshop?" +
                "user = root&password = &characterEncoding = gb2312";
    try{ con = DriverManager.getConnection(uri);
            sql = con.createStatement();
            String s =  "select  *  from orderForm where logname =  '" + logname + "'" ;
            rs = sql.executeQuery(s);
            str.append("<table border = 1>");
            str.append("<tr>");
            str.append("<th>订单号</th>");
            str.append("<th>订单用户</th>");
            str.append("<th>订单信息</th>");
            str.append("<th>总价格</th>");
            str.append("</tr>");
            while(rs.next()){
                str.append("<tr>");
                String orderNumber = rs.getString(1);
                str.append("<td>" + orderNumber + "</td>");
                str.append("<td>" + rs.getString(2) + "</td>");
```

```
                    str.append("<td>" + rs.getString(3) + "</td>");
                    str.append("<td>" + rs.getString(4) + "</td>");
                    String del =
                    "<a href = \"deleteOrderNumber.jsp?deletedOrderNumber = " +
                        orderNumber + "\">删除</a>";
                    str.append("<td>" + del + "</td>");

                    str.append("</tr>");
                }
                str.append("</table>");
                jspContext.setAttribute("giveResult",str);
            }
            catch(SQLException exp){
                jspContext.setAttribute("giveResult",new StringBuffer("" + exp));
            }
%>
```

9.12 查看图书摘要

该模块由一个 JSP 页面 lookBookAbstract.jsp 和一个 Tag 文件 BookAbstract.tag 构成。lookBookAbstract.jsp 负责调用 Tag 文件 BookAbstract.tag,并显示 BookAbstract.tag 返回的图书摘要。

1. JSP 页面

用户在浏览图书或查询图书后,如果单击图书的名字或 ISBN 号,将会把图书的 ISBN 号传递给所链接到的 lookBookAbstract.jsp 页面,lookBookAbstract.jsp 页面负责调用 Tag 文件 BookAbstract.tag,并将图书的 ISBN 传递给该 Tag 文件。lookBookAbstract.jsp 页面效果如图 9-16 所示。

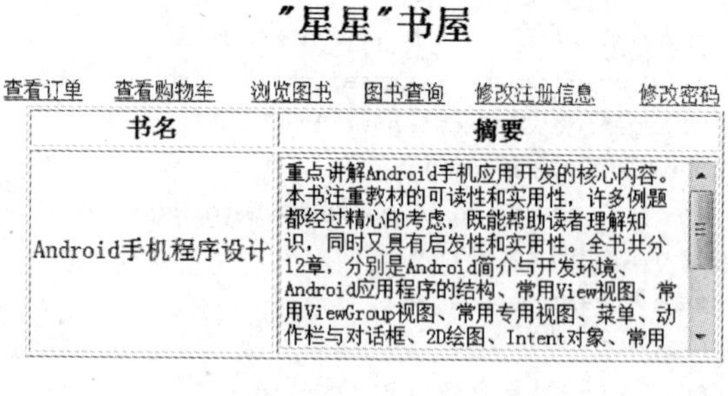

"星星"书屋

查看订单 查看购物车 浏览图书 图书查询 修改注册信息 修改密码

书名	摘要
Android手机程序设计	重点讲解Android手机应用开发的核心内容。本书注重教材的可读性和实用性,许多例题都经过精心的考虑,既能帮助读者理解知识,同时又具有启发性和实用性。全书共分12章,分别是Android简介与开发环境、Android应用程序的结构、常用View视图、常用ViewGroup视图、常用专用视图、菜单、动作栏与对话框、2D绘图、Intent对象、常用

图 9-16 查看图书摘要

lookBookAbstract.jsp(效果如图 9-16 所示)

```
<%@ page contentType = "text/html;charset = GB2312" %>
<%@ taglib tagdir = "/WEB-INF/tags" prefix = "bookAbstract" %>
<HEAD><%@ include file = "head.txt" %></HEAD>
<title>图书摘要(abstract)</title>
<%
    String bookISBN = request.getParameter("bookISBN");
```

```
%>
    <bookAbstract:BookAbstract bookISBN = "<% = bookISBN %>" />
<HTML>
  <Body><center>
   <% = giveResult %>
   </center>
</BODY></HTML>
```

2. Tag 文件

BookAbstract.tag 文件负责连接数据库，查询 orderForm 表，然后将图书摘要返回给 lookBookAbstract.jsp 页面。

BookAbstract.tag

```
<%@ tag import = "java.sql.*" %>
<%@ tag pageEncoding = "gb2312" %>
<%@ attribute name = "bookISBN" required = "true" %>
<%@ variable name-given = "giveResult"
             variable-class = "java.lang.StringBuffer" scope = "AT_END" %>
<%
    try{ Class.forName("com.mysql.jdbc.Driver");
    }
    catch(ClassNotFoundException e){
         out.print(e);
    }
    StringBuffer str = new StringBuffer();
    Connection con;
    Statement sql;
    ResultSet rs;
    String uri = "jdbc:mysql://127.0.0.1/bookshop?" +
                              "user = root&password = &characterEncoding = gb2312";
    try{ con = DriverManager.getConnection(uri);
         sql = con.createStatement();
         String s =
        "select * from bookForm where bookISBN = '" + bookISBN + "'";
         rs = sql.executeQuery(s);
         str.append("<table border = 1>");
         str.append("<tr>");
         str.append("<th>书名</th>");
         str.append("<th>摘要</th>");
         str.append("</tr>");
         while(rs.next()){
             str.append("<tr>");
             str.append("<td>" + rs.getString("bookName") + "</td>");
             str.append("<td><TextArea Rows = 8 Cols = 40>" +
                   rs.getString("bookAbstract") + "</TextArea></td>");
                   str.append("</tr>");
         }
         str.append("</table>");
         jspContext.setAttribute("giveResult",str);
         con.close();
```

```
        }
        catch(SQLException exp){
                jspContext.setAttribute("giveResult",new StringBuffer(""+exp));
        }
%>
```


9.13 修改密码

该模块由一个JSP页面modifyPassword.jsp和一个Tag文件ModifyPassword.tag构成。modifyPassword.jsp负责调用Tag文件ModifyPassword.tag,并显示ModifyPassword.tag返回的有关修改密码是否成功的信息。

1. JSP页面

modifyPassword.jsp页面负责调用Tag文件ModifyPassword.tag,并将用户名、当前密码和新密码传递给该Tag文件。modifyPassword.jsp效果如图9-17所示。

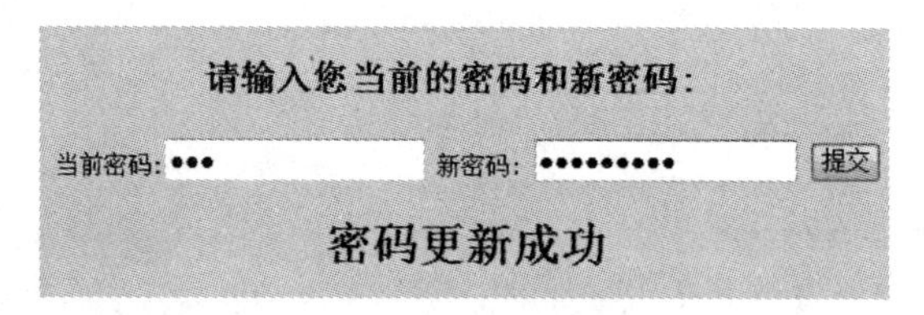

图9-17 更新密码

modifyPassword.jsp(效果如图9-17所示)

```
<%@ page contentType="text/html;charset=GB2312" %>
<%@ taglib tagdir="/WEB-INF/tags" prefix="modifyPassword" %>
<HEAD><%@ include file="head.txt" %></HEAD>
<HTML><BODY bgcolor=cyan>
<Font size=2>
<CENTER>
<h3>请输入您当前的密码和新密码:</h3>
<FORM action="" Method="post">
   当前密码:<Input type=password name="oldPassword">
   新密码: <Input type=password name="newPassword">
          <Input type=submit name="g" value="提交">
</Form>
</CENTER>
</BODY></HTML>
<%
     boolean isModify=false;
     String logname=(String)session.getAttribute("logname");
     if(logname!=null){
       int m=logname.indexOf(",");
       logname=logname.substring(0,m);
       isModify=true;
     }
     else{
```

```
        response.sendRedirect("login.jsp");
      }
    String oldPassword = request.getParameter("oldPassword");
    String newPassword = request.getParameter("newPassword");
    boolean ok = oldPassword!= null&&newPassword!= null;
    if(ok&&isModify){
%> <modifyPassword:ModifyPassword logname = "<% = logname %>"
                                          oldPassword = "<% = oldPassword %>"
                                        newPassword = "<% = newPassword %>"/>
     <center><h2><% = giveResult %></h2></center>
<% }
%>
```

2. Tag 文件

ModifyPassword.tag 文件负责连接数据库,查询、更新 user 表,然后将密码是否更新成功的信息返回 modifyPasswod.jsp 页面。需要注意的是,用户登录成功后,用户的 session 存放的是用户的登录名和密码,格式是:"用户名,密码",例如"gengxy,128798"(见登录模块 9.5 中的 Tag 文件)。

ModifyPassword.tag

```
<%@ tag import = "java.sql.*" %>
<%@ tag pageEncoding = "gb2312" %>
<%@ attribute name = "logname" required = "true" %>
<%@ attribute name = "oldPassword" required = "true" %>
<%@ attribute name = "newPassword" required = "true" %>
<%@ variable name-given = "giveResult"
    variable-class = "java.lang.StringBuffer" scope = "AT_END" %>
<%
    try{ Class.forName("com.mysql.jdbc.Driver");
    }
    catch(ClassNotFoundException e){
          out.print(e);
    }
    StringBuffer str = new StringBuffer();
    Connection con;
    Statement sql;
    ResultSet rs;
    String uri = "jdbc:mysql://127.0.0.1/bookshop?" +
                             "user = root&password = &characterEncoding = gb2312";
    try{ con = DriverManager.getConnection(uri);
            sql = con.createStatement();
            String s = "SELECT * FROM user where logname = '" +
                      logname + "'And password = '" + oldPassword + "'" ;
            rs = sql.executeQuery(s);
            if(rs.next()){
                String updateString = "UPDATE user SET password = '" +
                                   newPassword + "' where logname = '" + logname + "'";
                int m = sql.executeUpdate(updateString);
                if(m == 1) {
                     str.append("密码更新成功");
```

```
                    }
                    else{
                         str.append("密码更新失败");
                    }
               }
               else {
                    str.append("密码更新失败");
               }
               con.close();
     }
     catch(SQLException exp) {
          str.append("密码更新失败" + exp);
     }
     jspContext.setAttribute("giveResult",str);
%>
```

9.14 修改注册信息

该模块由一个 JSP 页面 modifyRegister. jsp 和两个 Tag 文件 ModifyRegister. tag 和 GetRegister. tag 构成。modifyRegister. jsp 负责调用 Tag 文件 GetRegister. tag 文件，显示 GetRegister. tag 返回的用户曾注册的有关信息；modifyRegister. jsp 调用 Tag 文件 ModifyRegister. tag 文件，并显示 ModifyRegister. tag 返回的有关修改注册信息是否成功的信息。

1. JSP 页面

ModifyRegister. jsp 页面调用 Tag 文件 GetRegister. tag 文件，显示 GetRegister. tag 返回的用户曾注册的有关信息。modifyRegister. jsp 页面负责调用 Tag 文件 ModifyRegister. tag，并将用户名的新信息传递给该 Tag 文件。modifyRegister. jsp 效果如图 9-18 所示。

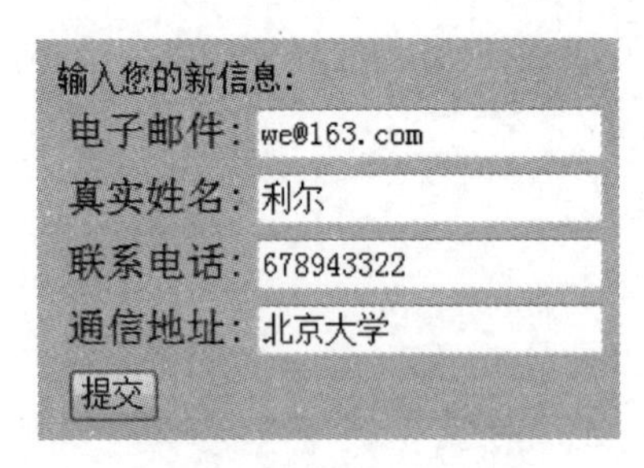

图 9-18　更新个人信息

modifyRegister. jsp(效果如图 9-18 所示)

```
<%@ page contentType="text/html;charset=GB2312" %>
<%@ taglib tagdir="/WEB-INF/tags" prefix="modifyRegister" %>
<%@ taglib tagdir="/WEB-INF/tags" prefix="getRegister" %>
<HEAD><%@ include file="head.txt" %></HEAD>
<HTML><BODY bgcolor=pink><CENTER>
<%
     boolean isModify=false;
```

```
    String logname = (String)session.getAttribute("logname");
    if(logname!= null){
        int m = logname.indexOf(",");
        logname = logname.substring(0,m);
        isModify = true;
    }
    else{
      response.sendRedirect("login.jsp");
    }
%>
<getRegister:GetRegister logname = "<% = logname %>" />
<Font size = 2 >
<FORM action = "" method  =  "post" >
<table>
    输入您的新信息:
   <tr><td>电子邮件:</td>
   <td><Input type = text name = "email" value = "<% = oldEmail %>"></td></tr>
   <tr><td>真实姓名:</td>
   <td><Input type = text name = "realname" value = "<% = oldRealname %>"></td></tr>
   <tr><td>联系电话:
   </td><td><Input type = text name = "phone" value = "<% = oldPhone %>"></td></tr>
   <tr><td>通信地址:
   </td><td><Input type = text name = "address" value = "<% = oldAddress %>"></td></tr>
   <tr><td><Input type = submit name = "enter" value = "提交"></td> </tr>
</table><Font></CENTER>
</BODY>
</HTML>
<%
    String enter = request.getParameter("enter");
    String email = request.getParameter("email");
    String realname = request.getParameter("realname");
    String phone = request.getParameter("phone");
    String address = request.getParameter("address");
    boolean ok = (enter!= null);
    if(ok&&isModify){
 %><modifyRegister:ModifyRegister logname = "<% = logname %>" email = "<% = email %>"
      phone = "<% = phone %>" address = "<% = address %>" realname = "<% = realname %>"/>
      <center><h2><% =  giveResult  %></h2></center>
<% }
 %>
```

2. Tag 文件

GetRegister.tag 文件负责连接数据库,从 user 表查询用户曾注册的信息,ModifyRegister.tag 文件负责连接数据库,更新 user 表,以便改变用户的注册信息。

GetRegister.tag

```
<%@ tag import = "java.sql.*" %>
<%@ tag pageEncoding = "gb2312" %>
<%@ attribute name = "logname" required = "true" %>
<%@ variable name-given = "oldEmail" scope = "AT_END" %>
```

```
<%@ variable name-given="oldAddress" scope="AT_END" %>
<%@ variable name-given="oldRealname" scope="AT_END" %>
<%@ variable name-given="oldPhone" scope="AT_END" %>
<%
    try{ Class.forName("com.mysql.jdbc.Driver");
     }
     catch(ClassNotFoundException e){ out.print(e);
     }
     StringBuffer str=new StringBuffer();
     Connection con;
     Statement sql;
     ResultSet rs;
     String uri="jdbc:mysql://127.0.0.1/bookshop?"+
                              "user=root&password=&characterEncoding=gb2312";
     try{
            con=DriverManager.getConnection(uri);
            String query="select phone,email,address,realname "+
            " from user WHERE logname='"+logname+"'";
            sql=con.createStatement();
            rs=sql.executeQuery(query);
            if(rs.next()){
              jspContext.setAttribute("oldPhone",rs.getString("phone"));
              jspContext.setAttribute("oldEmail",rs.getString("email"));
              jspContext.setAttribute("oldAddress",rs.getString("address"));
              jspContext.setAttribute("oldRealname",rs.getString("realname"));
            }
            else{
                 jspContext.setAttribute("oldPhone","");
                 jspContext.setAttribute("oldEmail","");
                 jspContext.setAttribute("oldAddress","");
                 jspContext.setAttribute("oldRealname","");
            }
            con.close();
     }
    catch(SQLException exp){
         jspContext.setAttribute("oldPhone","");
         jspContext.setAttribute("oldEmail","");
         jspContext.setAttribute("oldAddress","");
         jspContext.setAttribute("oldRealname","");
    }
%>
```

ModifyRegister.tag

```
<%@ tag import="java.sql.*" %>
<%@ tag pageEncoding="gb2312" %>
<%@ attribute name="logname" required="true" %>
<%@ attribute name="email" required="true" %>
<%@ attribute name="address" required="true" %>
<%@ attribute name="realname" required="true" %>
<%@ attribute name="phone" required="true" %>
```

```
<%@ variable name-given="giveResult" variable-class=
        "java.lang.StringBuffer" scope="AT_END" %>
<%
    byte [] c=email.getBytes("iso-8859-1");
    email=new String(c);
    c=address.getBytes("iso-8859-1");
    address=new String(c);
    c=realname.getBytes("iso-8859-1");
    realname=new String(c);
    c=phone.getBytes("iso-8859-1");
    phone=new String(c);
    try{ Class.forName("com.mysql.jdbc.Driver");
    }
    catch(ClassNotFoundException e){
        out.print(e);
    }
    StringBuffer str=new StringBuffer();
    Connection con;
    Statement sql;
    ResultSet rs;
    String uri="jdbc:mysql://127.0.0.1/bookshop?"+
                          "user=root&password=&characterEncoding=gb2312";
    try{
            con=DriverManager.getConnection(uri);
            String updateCondition="UPDATE user SET phone='"+
                phone+"',email='"+email+"',address='"+
                address+"',realname='"+
                realname+"' WHERE logname='"+logname+"'";
            sql=con.createStatement();
            int m=sql.executeUpdate(updateCondition);
            if(m==1) {
                str.append("修改信息成功");
            }
            else {
                str.append("更新失败");
            }
            con.close();
    }
    catch(SQLException exp){
        str.append("更新失败"+exp);
    }
    jspContext.setAttribute("giveResult",str);
%>
```

9.15 退出登录

该模块只有一个名字为 exitLogin.jsp，负责销毁用户的 session 对象，导致登录失效。exitLogin.jsp 效果如图 9-19 所示。

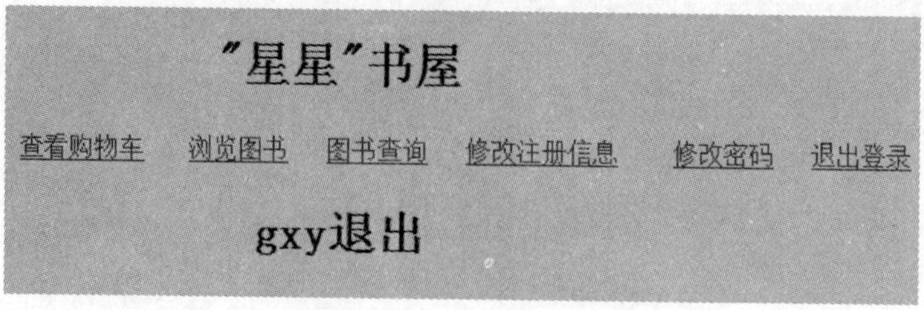

"星星"书屋

查看购物车 浏览图书 图书查询 修改注册信息 修改密码 退出登录

gxy退出

图 9-19 退出登录

exitLogin.jsp(效果如图 9-19)

```
<%@ page contentType = "text/html;charset = GB2312" %>
<HEAD><%@ include file = "head.txt" %></HEAD>
<HTML><BODY bgcolor = pink><CENTER>
<%
    String logname = (String)session.getAttribute("logname");
    if(logname!= null){
        int m = logname.indexOf(",");
        logname = logname.substring(0,m);
        session.invalidate();
        out.print("<h2>" + logname + "退出</h2>");
    }
    else{
       response.sendRedirect("login.jsp");
    }
%>
```

第10章 网络交友(综合实训)

就本章的Web应用而言,完全可以采用JSP+Tag或JSP+JavaBean模式来实现。为了突出MVC的重要性以及让读者进一步熟悉在Web设计中使用MVC模式,这一章给出Web应用:网络交友系统,采用MVC模式实现各个模块,其目的是让学生掌握一般Web应用中常用基本模块的MVC模式开发方法。JSP引擎为Tomcat 8.0;数据库是MySQL数据库。

10.1 系统模块构成

(1) 会员注册:新会员填写表单,包括会员名、E-mail地址等信息。如果输入的会员名已经被其他用户注册使用,系统提示新用户更改自己的会员名。

(2) 会员登录:输入会员名、密码。如果用户输入的会员名或密码有错误,系统将显示错误信息。

(3) 上传照片:如果登录成功,用户可以使用该模块上传自己的照片。

(4) 浏览会员:成功登录的会员可以分页浏览其他会员的信息,比如其他会员的简历、照片等。如果用户直接进入该页面或没有成功登录就进入该页面,将链接到"会员登录"页面。

(5) 修改密码:成功登录的会员可以在该页面修改自己的登录密码,如果用户直接进入该页面或没有成功登录就进入该页面,将链接到"会员登录"页面。

(6) 修改注册信息:成功登录的会员可以在该页面修改自己的注册信息,比如联系电话、通信地址等,如果用户直接进入该页面或没有成功登录就进入该页面,将链接到"会员登录"页面。

(7) 退出登录:成功登录的用户可以使用该模块退出登录。

10.2 数据库设计与连接

1. 创建数据库

首先启动MySQL服务器。然后使用MySQL数据库客户端管理工具或MySQL监视器一个数据库MakeFriend,该库有一个表:member表。会员的注册信息存入member表中,member表的主键是logname,member表的各个字段值的说明如下:

logname:存储会员登录名字。

password:存储会员登录密码。

phone:存储会员会员的电话。

email：存储会员的 email 地址。

message：存储会员的简历。

pic：存储会员照片文件的名字。

可以使用 MySQL 数据库客户端管理工具或 MySQL 监视器建立数据库和相关的表。使用 MySQL 数据库客户端管理工具建立数据库和表的操作如图 10-1 所示。如果没有合适的 MySQL 客户端管理工具，可以启动 MySQL 监视器，然后在监视器占用的命令行窗口输入创建数据库 MakeFriend 的 SQL 语句(如图 10-2 所示)。

```
create database MakeFriend;
```

名	类型	长度	小数点	允许空值 (	
logname	char	100		☐	1
password	char	100		☑	
phone	char	100		☑	
email	char	200		☑	
message	varchar	200		☑	
pic	char	200		☑	

图 10-1　使用 MySQL 客户端工具创建 member 表

进入数据库(如图 10-3 所示)：

```
use MakeFriend
```

```
mysql> create database MakeFriend;
Query OK, 1 row affected (0.53 sec)
```

图 10-2　使用 MySQL 监视器创建数据库

```
mysql> use MakeFriend
Database changed
mysql>
```

图 10-3　使用 MySQL 监视器进入数据库

然后输入创建 member 表的 SQL 语句(如图 10-4 所示，有关操作细节见主教材的 6.1.2 节)：

```
CREATE TABLE member (
logname char(100) CHARACTER SET gb2312 NOT NULL ,
password char(100) NULL ,
phone char(100) NULL ,
email char(200) CHARACTER SET gb2312 NULL ,
message char(2000) CHARACTER SET gb2312 NULL ,
pic char(300) CHARACTER SET gb2312 NULL ,
PRIMARY KEY (logname)
);
```

```
mysql> CREATE TABLE member (
    -> logname char(100) CHARACTER SET gb2312 NOT NULL ,
    -> password char(100) NULL ,
    -> phone char(100) NULL ,
    -> email char(200) CHARACTER SET gb2312 NULL ,
    -> message  varchar(2000) CHARACTER SET gb2312 NULL ,
    -> pic char(200) CHARACTER SET gb2312 NULL ,
    -> PRIMARY KEY (logname)
    -> );
Query OK, 0 rows affected (1.81 sec)
```

图 10-4　使用 MySQL 监视器创建表

2. 连接数据库

必须保证项目使用的 MySQL 数据库服务器已经启动。将连接 MySQL 数据库的 JDBC-数据库驱动程序(可以登录 MySQL 的官方网站：www. mysql. com,下载 JDBC-MySQL 数据库驱动程序,有关细节见 6. 3 节),比如 mysql-connector-java-5. 1. 28-bin. jar,复制到 Tomcat 服务器所使用的 JDK 的扩展目录中,比如：D:\jdk1. 7\jre\lib\ext,或复制到 Tomcat 服务器安装目录的\common\lib 文件夹中,比如：D:\ apache-tomcat-8. 0. 3\common\lib。

应用程序加载 MySQL 的 JDBC-数据库驱动程序代码如下：

```
try{ Class.forName("com.mysql.jdbc.Driver");
}
catch(Exception e){}
```

假设 MySQL 数据库服务器所驻留的计算机的 IP 地址是 192. 168. 100. 1。和数据库 MakeFriend 建立连接的代码如下：

```
try{   String uri = " jdbc:mysql:// 192.168.100.1:3306/Makefriend";
       String user = "root";
       String password = "";
       con = DriverManager.getConnection(uri,user,password);
   }
catch(SQLException e){
       System.out.println(e);
}
```

其中 root 用户有权访问数据库 warehouse,root 用户的密码是空(没有密码)。

10.3 系统管理

本系统使用的 Web 服务目录是 chapter10,是在 Tomcat 安装目录的 webapps 目录下建立的 Web 服务目录。

现在需要在当前 Web 服务目录下建立如下的目录结构：

```
chapter10\WEB-INF\classes
```

为了让 Tomcat 服务器起用上述目录,必须重新启动 Tomcat 服务器。然后,根据 servlet 的包名,在 classes 下再建立相应的子目录,比如 Servlet 类的包名为 myservlet. control,那么在 classes 下建立子目录：\myservlet\control; 如果 Javabean 类的包名为 mybean. data,那么在 classes 下建立子目录：\mybean\data。

10.3.1 页面管理

本系统用的 JSP 页面全部保存在 Web 服务目录 chapter10 中。

所有的页面都包括一个导航条,该导航条由注册、登录、上传照片、浏览会员、修改密码、修改个人信息组成。为了便于维护,其他页面通过使用 JSP 的<%@ include …%>标记将导航条文件：head. txt 嵌入到自己的页面中。head. txt 保存在 Web 服务目录 chapter10

中,head.txt的内容如下:

head.txt

```
<%@ page contentType = "text/html;charset = GB2312" %>
<CENTER><Font size = 5><P>网络交友</Font></CENTER>
<table cellSpacing = "1" cellPadding = "1" width = "560" align = "center" border = "0">
   <tr valign = "bottom">
   <td><A href = "register.jsp"><font size = 2>会员注册</font></A></td>
   <td><A href = "login.jsp"><font size = 2>会员登录</font></A></td>
   <td><A href = "upload.jsp"><font size = 2>上传照片</font></A></td>
   <td><A href = "choiceLookType.jsp"><font size = 2>浏览会员</font></A></td>
   <td><A href = "inputModifyMess.jsp "><font size = 2>修改注册信息</font></A></td>
   <td><A href = "modifyPassword.jsp"><font size = 2>修改密码</font></A></td>
   <td><A href = "helpExitLogin"><font size = 2>退出登录</font></A></td>
   <td><A href = "index.jsp"><font size = 2>返回主页</font></A></td>
  </tr>
  </Font>
</table>
```

主页index.jsp由导航条、一个欢迎语和一幅图片welcome.jpg组成,welcome.jpg保存在chapter10中。

用户可以通过在浏览器的地址栏中输入"http://服务器IP:8080/index.jsp"或"http://服务器IP:8080/"访问该主页。主页运行效果如图10-5所示。

图10-5 主页index.jsp

index.jsp(效果如图10-5所示)

```
<%@ page contentType = "text/html;charset = GB2312" %>
<HEAD><%@ include file = "head.txt" %></HEAD>
<HTML><BODY bgcolor = cyan>
<CENTER>
```

```
    <h1><Font Size=4 color=red>欢迎您来这里结交朋友</font></h1>
        <image src="welcome.jpg" width=500 height=300></image>
</CENTER>
</BODY></HTML>
```

10.3.2 JavaBean 与 Servlet 管理

本系统的 JavaBean 类的包名均为 mybean.data；Servlet 类的包名均为 myservlet.control。由于 Servlet 类中要使用 JavaBean，所以为了能顺利地编译 Servlet 类，不要忘记将 Tomcat 安装目录 lib 子目录中的 servlet-api.jar 文件复制到 Tomcat 服务器所使用的 JDK 的扩展目录中，比如，复制到 D:\jdk1.7\jre\lib\ext 中。然后，按下列步骤进行编译和保存有关的字节码文件。

1. 将 JavaBean 类和 Servlet 类分别保存

注：保存时 Servlet 类的包名和 JavaBean 类的包名形成的目录的父目录要相同。

将这两个类分别保存到 D:\ mybean\data 和 D:\myservlet\control 目录中。

2. 编译 JavaBean 类

```
D:> javac mybean\data\Javabean 的源文件
```

例如：

```
D:> javac mybean\data\Login.java
```

3. 编译 Servlet 类

```
D:> javac myservlet\control\servlet 的源文件
```

例如：

```
D:> javac myservlet\control\HandleLogin.java
```

4. 将字节码复制到服务器

将编译通过的 JavaBean 类和 Servlet 类的字节码件分别复制到

```
chapter10\WEB-INF\classes\mybean\data
```

和

```
chapter10\WEB-INF\classes\myservlet\control
```

目录中。

10.3.3 配置文件

本系统的 Servlet 类的包名均为 myservlet.control，需要配置 Web 服务目录的 web.xml 文件，根据本书使用的 Tomcat 安装目录及使用的 Web 服务目录，需将下面的 web.xml 文件保存到 Tomcat 服务器安装目录的\webapps\chapter10\WEB-INF 中，比如：

```
D:\apache-tomcat-8.0.3\webapps\chapter10\WEB-INF
```

目录中。

web. xml

```
<?xml version = "1.0" encoding = "ISO - 8859 - 1" ?>
< web - app >
< servlet >
    < servlet - name > register </servlet - name >
    < servlet - class > myservlet. control. HandleRegister </servlet - class >
</servlet >
< servlet - mapping >
   < servlet - name > register </servlet - name >
   < url - pattern >/helpRegister </url - pattern >
</servlet - mapping >
< servlet >
    < servlet - name > login </servlet - name >
    < servlet - class > myservlet. control. HandleLogin </servlet - class >
</servlet >
< servlet - mapping >
   < servlet - name > login </servlet - name >
   < url - pattern >/helpLogin </url - pattern >
</servlet - mapping >
< servlet >
    < servlet - name > upload </servlet - name >
    < servlet - class > myservlet. control. HandleUpload </servlet - class >
</servlet >
< servlet - mapping >
   < servlet - name > upload </servlet - name >
   < url - pattern >/helpUpload </url - pattern >
</servlet - mapping >
< servlet >
    < servlet - name > lookRecord </servlet - name >
    < servlet - class > myservlet. control. HandleDatabase </servlet - class >
</servlet >
< servlet - mapping >
   < servlet - name > lookRecord </servlet - name >
   < url - pattern >/helpShowMember </url - pattern >
</servlet - mapping >
< servlet >
    < servlet - name > modifyPassword </servlet - name >
    < servlet - class > myservlet. control. HandlePassword </servlet - class >
</servlet >
< servlet - mapping >
   < servlet - name > modifyPassword </servlet - name >
   < url - pattern >/helpModifyPassword </url - pattern >
</servlet - mapping >
< servlet >
    < servlet - name > modifyOldMess </servlet - name >
    < servlet - class > myservlet. control. HandleModifyMess </servlet - class >
</servlet >
< servlet - mapping >
```

```
    <servlet-name>modifyOldMess</servlet-name>
    <url-pattern>/helpModifyMess</url-pattern>
</servlet-mapping>
<servlet>
     <servlet-name>exit</servlet-name>
     <servlet-class>myservlet.control.HandleExit</servlet-class>
</servlet>
<servlet-mapping>
    <servlet-name>exit</servlet-name>
    <url-pattern>/helpExitLogin</url-pattern>
</servlet-mapping>
</web-app>
```

10.4 会员注册

当新会员注册时，该模块要求用户必须输入会员名、密码信息，否则不允许注册。用户的注册信息存入数据库的 member 表中。

该模块的模型 JavaBean 描述用户的注册信息；该模块的视图部分由两个 JSP 页面构成，一个 JSP 页面负责提交用户的注册信息到控制器，另一个 JSP 页面负责显示注册是否成功的信息；该模块的控制器 Servlet 负责将视图提交的信息写入数据库的 member 表中，并负责更新视图。

10.4.1 模型

下列 JavaBean 用来描述用户注册信息。

Register.java

```
package mybean.data;
public class Register{
   String logname="",password="",email="", phone="", message="";
   String backNews;
   public void setLogname(String name){
      logname=name;
   }
   public String getLogname(){
      return logname;
   }
   public void setPassword(String pw){
      password=pw;
   }
   public String getPassword(){
      return password;
   }
   public void setEmail(String em){
      email=em;
   }
   public String getEmail(){
```

```
            return email;
        }
        public void setPhone(String ph){
            phone = ph;
        }
        public String getPhone(){
            return phone;
        }
        public String getMessage(){
            return message;
        }
        public void setMessage(String m){
            message = m;
        }
        public String getBackNews(){
            return backNews;
        }
        public void setBackNews(String s){
            backNews = s;
        }
    }
```

10.4.2 控制器

控制器Servlet对象的名字是register(见10.3给出的web.xml配置文件)。控制器Register负责连接数据库,将用户提交的信息写入到member表,并将用户转发到showRegisterMess.jsp页面查看注册反馈信息。

HandleRegister.java

```
package myservlet.control;
import mybean.data.*;
import java.sql.*;
import java.io.*;
import javax.servlet.*;
import javax.servlet.http.*;
public class HandleRegister extends HttpServlet{
    public void init(ServletConfig config) throws ServletException{
        super.init(config);
        try {
                Class.forName("com.mysql.jdbc.Driver");
        }
        catch(Exception e){}
    }
    public String handleString(String s){
        try{
                byte bb[] = s.getBytes("iso-8859-1");
                s = new String(bb);
        }
        catch(Exception ee){}
```

```
        return s;
    }
    public void doPost(HttpServletRequest request,HttpServletResponse response)
                        throws ServletException,IOException{
        Connection con;
        Statement sql;
        Register reg = new Register();
        request.setAttribute("register",reg);
        String logname = request.getParameter("logname").trim(),
        password = request.getParameter("password").trim(),
        email = request.getParameter("email").trim(),
        phone = request.getParameter("phone").trim(),
        message = request.getParameter("message");
        if(logname == null)
            logname = "";
        if(password == null)
            password = "";
        boolean isLD = true;
        for(int i = 0;i < logname.length();i++){
            char c = logname.charAt(i);
            if(!((c <= 'z'&&c >= 'a')||(c <= 'Z'&&c >= 'A')||(c <= '9'&&c >= '0')))
                isLD = false;
        }
        boolean boo = logname.length()> 0&&password.length()> 0&&isLD;
        String backNews = "";
        try{
              logname = handleString(logname);
              password = handleString(password);
              phone = handleString(phone);
              email = handleString(email);
              message = handleString(message);
              String pic = "public.jpg";
              String insertRecord = "('" + logname + "','" + password + "','" + phone + "','"
                                 + email + "','" + message + "','" + pic + "')";
              String uri = "jdbc:mysql://127.0.0.1/MakeFriend?" +
                        "user = root&password = &characterEncoding = gb2312";
              con = DriverManager.getConnection(uri);
              String insertCondition = "INSERT INTO member VALUES " + insertRecord;
              sql = con.createStatement();
              if(boo){
                    int m = sql.executeUpdate(insertCondition);
                    if(m!= 0){
                        backNews = "注册成功";
                        reg.setBackNews(backNews);
                        reg.setLogname(logname);
                        reg.setPassword(password);
                        reg.setPhone(phone);
                        reg.setEmail(email);
```

```
                    reg.setMessage(message);
                }
            }
            else{
                backNews = "信息填写不完整或名字中有非法字符";
                reg.setBackNews(backNews);
            }
              con.close();
        }
        catch(SQLException exp){
            backNews = "该会员名已被使用,请您更换名字" + exp;
            reg.setBackNews(backNews);
        }
        RequestDispatcher dispatcher =
        request.getRequestDispatcher("showRegisterMess.jsp");    //转发
        dispatcher.forward(request,response);
    }
    public void doGet(HttpServletRequest request,HttpServletResponse response)
                        throws ServletException,IOException{
        doPost(request,response);
    }
}
```

10.4.3 视图(JSP页面)

本模块的视图由两个JSP页面register.jsp和showRegisterMess.jsp构成。register.jsp页面负责提供输入注册信息界面(如图10-6所示);showRegisterMess.jsp(如图10-7所示)负责显示注册反馈信息,比如注册是否成功等。

register.jsp(效果如图10-6所示)

```
<%@ page contentType = "text/html;charset = GB2312" %>
<HEAD><%@ include file = "head.txt" %></HEAD>
<HTML><BODY bgcolor = cyan><Font size = 2>
<CENTER>
<FORM action = "helpRegister" name = form method = post>
<table>
    输入您的信息,会员名字必须由字母和数字组成,带*号项必须填写。
   <tr><td>会员名称:</td><td><Input type = text name = "logname" > * </td></tr>
   <tr><td>设置密码:</td><td><Input type = password name = "password"> * </td></tr>
   <tr><td>电子邮件:</td><td><Input type = text name = "email"></td></tr>
   <tr><td>联系电话:</td><td><Input type = text name = "phone"></td></tr>
  </table>
  <table>
   <tr><td><Font size = 2>输入您的简历和交友标准: </td></tr>
   <tr>
      <td><TextArea name = "message" Rows = "6" Cols = "30"></TextArea></td>
   </tr>
   <tr><td><Input type = submit name = "g" value = "提交"></td> </tr>
</table>
```

```
</Form>
</CENTER>
</Body></HTML>
```

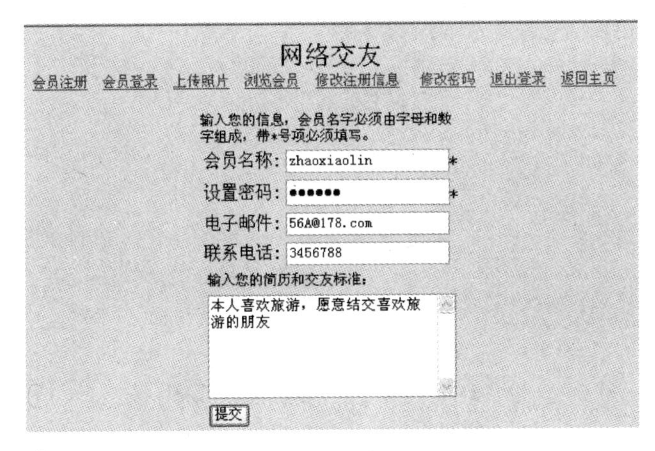

图 10-6　填写注册信息

showRegisterMess. jsp(效果如图 10-7 所示)

```
<%@ page contentType = "text/html;charset = GB2312" %>
<%@ page import = "mybean.data.Register" %>
<jsp:useBean id = "register" type = "mybean.data.Register" scope = "request"/>
<HEAD><%@ include file = "head.txt" %></HEAD>
<HTML><BODY bgcolor = cyan>
<CENTER>
  <Font size = 4 color = blue>
    <BR><jsp:getProperty name = "register" property = "backNews"/>
  </Font>
<table>
<tr><td>注册的会员名称: </td>
     <td><jsp:getProperty name = "register" property = "logname"/></td>
</tr>
<tr><td>注册的电子邮件:</td>
     <td><jsp:getProperty name = "register" property = "email"/></td>
</tr>
<tr><td>注册的联系电话:</td>
     <td><jsp:getProperty name = "register" property = "phone"/></td>
</tr>
</table>
<table><tr><td>您的简历和交友标准: </td></tr>
   <tr><td><TextArea name = "message" Rows = "6" Cols = "30">
              <jsp:getProperty name = "register" property = "message"/>
           </TextArea>
        </td>
   </tr>
</table>
</CENTER></BODY></HTML>
```

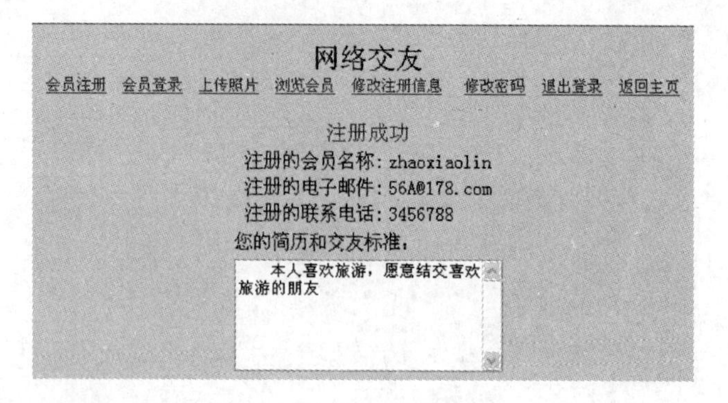

图 10-7 显示注册结果

10.5 会员登录

用户可在该模块输入自己的会员名和密码,系统将对会员名和密码进行验证,如果输入用户名或密码有错误,将提示用户输入的用户名或密码不正确。

该模块的模型 Javabean 描述用户登录的信息；该模块的视图部分由两个 JSP 页面构成,一个 JSP 页面负责提交用户的登录信息到控制器,另一个 JSP 页面负责显示登录是否成功的信息；该模块的控制器 servlet 负责验证会员名和密码是否正确,并负责更新视图。

10.5.1 模型

下列 JavaBean 的实例用来描述用户登录信息。

Login.java

```
package mybean.data;
public class Login{
    String logname,password,backNews = "";
    boolean success = false;
    public void setLogname(String name){
        logname = name;
    }
    public String getLogname(){
        return logname;
    }
    public void setPassword(String pw){
        password = pw;
    }
    public String getPassword(){
        return password;
    }
    public String getBackNews(){
        return backNews;
    }
    public void setBackNews(String s){
        backNews = s;
```

```
    }
    public void setSuccess(boolean b){
       success = b;
    }
    public boolean getSuccess(){
       return success;
    }
}
```

10.5.2 控制器

Servlet 对象的名字是 login(见 10.3 给出的 web.xml 配置文件)。控制器 login 负责连接数据库,查询 member 表,验证用户输入的会员名和密码是否在 member 表中,并将用户转发到 showLoginMess.jsp 页面查看登录反馈信息。

HandleLogin.java

```
package myservlet.control;
import mybean.data.*;
import java.sql.*;
import java.io.*;
import javax.servlet.*;
import javax.servlet.http.*;
public class HandleLogin extends HttpServlet{
   public void init(ServletConfig config) throws ServletException{
      super.init(config);
      try{
             Class.forName("com.mysql.jdbc.Driver");
      }
      catch(Exception e){}
   }
   public String handleString(String s){
      try{ byte bb[] = s.getBytes("iso-8859-1");
             s = new String(bb);
      }
      catch(Exception ee){}
      return s;
   }
   public void doPost(HttpServletRequest request,HttpServletResponse response)
                        throws ServletException,IOException{
      Connection con;
      Statement sql;
      Login loginBean = null;
      String backNews = "";
      HttpSession session = request.getSession(true);
      try{ loginBean = (Login)session.getAttribute("login");
             if(loginBean == null){
                loginBean = new Login();
                session.setAttribute("login",loginBean);
             }
      }
```

```
catch(Exception ee){
        loginBean = new Login();
        session.setAttribute("login",loginBean);
}
String logname = request.getParameter("logname").trim(),
password = request.getParameter("password").trim();
boolean ok = loginBean.getSuccess();
logname = handleString(logname);
password = handleString(password);
if(ok == true&&logname.equals(loginBean.getLogname())){
      backNews = logname + "已经登录了";
      loginBean.setBackNews(backNews);
}
else{
      String uri = "jdbc:mysql://127.0.0.1/MakeFriend";
      boolean boo = (logname.length()> 0)&&(password.length()> 0);
      try{
            con = DriverManager.getConnection(uri,"root","");
            String condition = "select * from member where logname = '" + logname +
                              "' and password = '" + password + "'";
            sql = con.createStatement();
            if(boo){
               ResultSet rs = sql.executeQuery(condition);
               boolean m = rs.next();
               if(m == true){
                  backNews = "登录成功";
                  loginBean.setBackNews(backNews);
                  loginBean.setSuccess(true);
                  loginBean.setLogname(logname);
               }
               else{
                  backNews = "您输入的用户名不存在,或密码不般配";
                  loginBean.setBackNews(backNews);
                  loginBean.setSuccess(false);
                  loginBean.setLogname(logname);
                  loginBean.setPassword(password);
               }
            }
            else{
               backNews = "您输入的用户名不存在,或密码不般配";
               loginBean.setBackNews(backNews);
               loginBean.setSuccess(false);
               loginBean.setLogname(logname);
               loginBean.setPassword(password);
            }
            con.close();
      }
      catch(SQLException exp){
            backNews = "" + exp;
            loginBean.setBackNews(backNews);
            loginBean.setSuccess(false);
```

```
            }
        }
        RequestDispatcher dispatcher =
        request.getRequestDispatcher("showLoginMess.jsp");    //转发
        dispatcher.forward(request,response);
    }
    public void doGet(HttpServletRequest request,HttpServletResponse response)
                        throws ServletException,IOException{
        doPost(request,response);
    }
}
```

10.5.3 视图

本模块的视图由两个 JSP 页面 login.jsp(效果如图 10-8 所示)和 showLoginMess.jsp(效果如图 10-9 所示)构成。login.jsp 页面负责提供输入登录信息界面；showLoginMess.jsp 负责显示登录反馈信息,比如登录是否成功等。

login.jsp(效果如图 10-8 所示)

```
<%@ page contentType="text/html;charset=GB2312" %>
<HEAD><%@ include file="head.txt" %></HEAD>
<HTML><BODY bgcolor=pink><Font size=2><CENTER><BR><BR>
<table border=2>
<tr><th>请您登录</th></tr>
<FORM action="helpLogin" Method="post">
<tr><td>登录名称:<Input type=text name="logname"></td></tr>
<tr><td>输入密码:<Input type=password name="password"></td></tr>
</table>
<BR><Input type=submit name="g" value="提交">
</Form>
</CENTER></BODY></HTML>
```

图 10-8 输入登录信息

showLoginMess.jsp(效果如图 10.9 所示)

```
<%@ page contentType="text/html;charset=GB2312" %>
<%@ page import="mybean.data.Login" %>
<jsp:useBean id="login" type="mybean.data.Login" scope="session"/>
<HEAD><%@ include file="head.txt" %></HEAD>
<HTML><BODY bgcolor=pink>
```

```
    <CENTER>
    <Font size=4 color=blue>
    <BR><jsp:getProperty name="login" property="backNews"/>
    </Font>
<Font size=2 color=cyan>
<% if(login.getSuccess()==true){
%><BR>登录会员名称:<jsp:getProperty name="login" property="logname"/>
<% }
    else{
%><BR>登录会员名称:<jsp:getProperty name="login" property="logname"/>
      <BR>登录会员密码:<jsp:getProperty name="login" property="password"/>
<% }
%>
</FONT></CENTER></BODY></HTML>
```

图 10-9　显示登录结果

10.6　上传照片

用户可在该模块上传自己的图像。如果 member 中已经存有一幅图像,新上传的图像将替换原有的图像。用户在注册时,注册模块给会员的照片是默认的一幅图像:public.jpg。

该模块的模型 JavaBean 描述用户上传的图像文件的有关信息;该模块的视图部分由两个 JSP 页面构成,一个 JSP 页面负责提交图像文件到控制器,另一个 JSP 页面负责显示上传操作是否成功的信息;该模块的控制器负责将图像文件上传到服务器,将图像文件的名字写入数据库的 member 表中,该 servlet 还负责更新视图,使用户能看到上传操作的结果。另外,控制器还能阻止未登录用户上传图像。

10.6.1　模型

下列 JavaBean 的实例用来描述上传文件的有关信息。

UploadFile.java

```
package mybean.data;
public class UploadFile{
   String savedFileName,backNews="";
   public void setSavedFileName(String name){
      savedFileName=name;
   }
   public String getSavedFileName(){
      return savedFileName;
```

```
    }
    public String getBackNews(){
        return backNews;
    }
    public void setBackNews(String s){
        backNews = s;
    }
}
```

10.6.2 控制器

该 Servlet 对象的名字是 upload(见 10.3 给出的 web.xml 配置文件)。upload 控制器负责检查用户是否是登录用户，如果用户没有登录，upload 控制器将把用户定向到登录页面 login.jsp；对于登录的用户，upload 控制器负责把用户提交的图像文件保存到当前 Web 服务目录的特定子目录 image 中。

服务器保存上传的图像文件名字是用户的会员名。upload 控制器同时负责将保存的图像文件名存入 member 表，然后将用户转发至 showUploadMess.jsp 页面查看上传操作的反馈信息。

HandleUpload.java

```
package myservlet.control;
import mybean.data.*;
import java.sql.*;
import java.io.*;
import javax.servlet.*;
import javax.servlet.http.*;
public class HandleUpload extends HttpServlet{
    public void init(ServletConfig config) throws ServletException{
        super.init(config);
        try{
              Class.forName("com.mysql.jdbc.Driver");
        }
        catch(Exception e){}
    }
    public void doPost(HttpServletRequest request,HttpServletResponse response)
                        throws ServletException,IOException{
        HttpSession session = request.getSession(true);
        Login login = (Login)session.getAttribute("login");
        boolean ok = true;
        if(login == null){
            ok = false;
            response.sendRedirect("login.jsp");
        }
        if(ok == true){
            String logname = login.getLogname();
            uploadFileMethod(request,response,logname);
        }
    }
```

```
public void uploadFileMethod(HttpServletRequest request,
                             HttpServletResponse response,String logname)
                             throws ServletException,IOException{
    UploadFile upFile = new UploadFile();

    String backNews = "";
    upFile.setBackNews(backNews);
    upFile.setSavedFileName("暂时无名子");
    try{
        HttpSession session = request.getSession(true);
        session.setAttribute("upFile",upFile);
        String tempFileName = (String)session.getId();
        File f1 = new File(tempFileName);
        FileOutputStream o = new FileOutputStream(f1);
        InputStream in = request.getInputStream();
        byte b[] = new byte[10000];
        int n;
        while( (n = in.read(b))!= -1)
           o.write(b,0,n);
        o.close();
        in.close();
        RandomAccessFile randomRead = new RandomAccessFile(f1,"r");
        String savedFileName = logname + ".jpg";
        randomRead.seek(0);
        long forthEndPosition = 0;
        int forth = 1;
        while((n = randomRead.readByte())!= -1&&(forth <= 4)){
            if(n == '\n'){
              forthEndPosition = randomRead.getFilePointer();
              forth++;
            }
        }
        String parentDir = f1.getAbsolutePath();
        parentDir = parentDir.substring(0,parentDir.lastIndexOf("bin") - 1);
        String saveDir  =  parentDir + "/webapps/chapter10/image";
        File dir = new File(saveDir);
        dir.mkdir();
        File savingFile =  new File(dir,savedFileName);
        if(savingFile.exists())
            savingFile.delete();
        RandomAccessFile randomSave = new RandomAccessFile(savingFile,"rw");
        randomRead.seek(randomRead.length());
        long endPosition = randomRead.getFilePointer();
        long mark = endPosition;
        int j = 1;
        while((mark >= 0)&&(j <= 6)){
            mark --;
            randomRead.seek(mark);
            n = randomRead.readByte();
            if(n == '\n'){
                endPosition = randomRead.getFilePointer();
```

```
                j++;
            }
        }
        randomRead.seek(forthEndPosition);
        long startPoint = randomRead.getFilePointer();
        while(startPoint < endPosition - 1){
            n = randomRead.readByte();
            randomSave.write(n);
            startPoint = randomRead.getFilePointer();
        }
        randomSave.close();
        randomRead.close();
        String uri = "jdbc:mysql://127.0.0.1/MakeFriend";
        Connection con = DriverManager.getConnection(uri,"root","");
        Statement sql = con.createStatement();
        ResultSet rs =
        sql.executeQuery("SELECT * FROM member where logname = '" + logname + "'");
        if(rs.next()){
         int mm = sql.executeUpdate
              ("UPDATE member SET pic = '" + savedFileName +
                                         "' where logname = '"
                                         + logname + "'");
            if(mm!= 0){
              backNews = "成功上传";
              upFile.setSavedFileName(savedFileName);
              upFile.setBackNews(backNews + ": " + saveDir);
            }
        }
        con.close();
        f1.delete();
    }
    catch(Exception exp){
        backNews = "" + exp;
        upFile.setBackNews(backNews);
    }
    RequestDispatcher dispatcher =
    request.getRequestDispatcher("showUploadMess.jsp");
    dispatcher.forward(request, response);
  }
  public void doGet(HttpServletRequest request,HttpServletResponse response)
                       throws ServletException,IOException{
    doPost(request,response);
  }
}
```

10.6.3 视图

本模块的视图由两个 JSP 页面 upload.jsp(效果如图 10-10 所示)和 showUploadMess.jsp(效果如图 10-11 所示)构成。upload.jsp 页面负责提供上传文件的表单;showUploadMess.jsp 负责显示上传文件的反馈信息。

upload.jsp(效果如图 10-10 所示)

```
<%@ page contentType = "text/html;charset = GB2312" %>
<HEAD><%@ include file = "head.txt" %></HEAD>
<HTML><BODY bgcolor = yellow><Font size = 2 color = blue>
<CENTER>
<BR>文件将被上传到 Web 服务目录 mkfrend 的子目录 image 中。
<BR>选择要上传的图像照片文件(名字不可以含有非 ASCII 码字符,比如汉字等):
  <FORM action = "helpUpload" method = "post" ENCTYPE = "multipart/form-data">
      <INPUT type = FILE name = "fileName" size = "40">
      <BR><INPUT type = "submit" name  = "g" value = "提交">
</FORM>
</CENTER></Font>
</BODY></HTML>
```

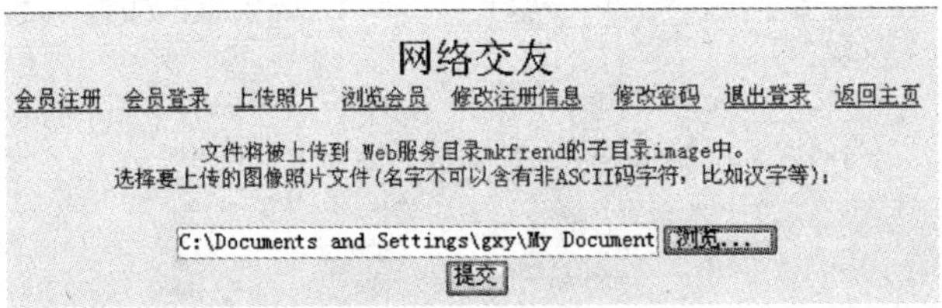

图 10-10　选择上传的文件

showUploadMess.jsp(效果如图 10-11 所示)

```
<%@ page contentType = "text/html;charset = GB2312" %>
<%@ page import = "mybean.data.UploadFile" %>
<jsp:useBean id = "upFile" type = "mybean.data.UploadFile" scope = "session"/>
<HEAD><%@ include file = "head.txt" %></HEAD>
<HTML>
<BODY bgcolor = cyan>
<CENTER>
    <Font size = 2 color = blue>
    <BR><jsp:getProperty name = "upFile" property = "backNews"/>
    </Font>
    <BR><font size = 2>
    <BR>保存后的文件名字:<jsp:getProperty name = "upFile"
                          property = "savedFileName"/>
    <BR>
     <img src = image/<jsp:getProperty name = "upFile" property = "savedFileName"/>
      width = 150 height = 120>图像效果
      </img>
   </FONT>
 </CENTER>
 </BODY></HTML>
```

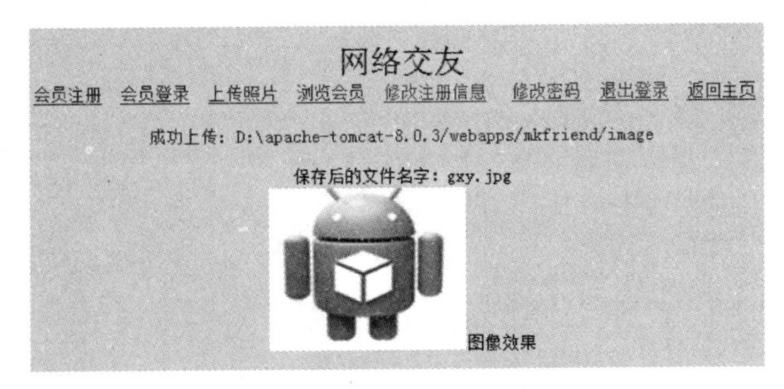

图 10-11 显示上传文件的反馈信息

10.7 浏览会员信息

该模块负责分页显示注册会员的信息，包括会员名、交友条件、会员照片等，同时提供查找功能，即用户可以查找某个会员的信息。

该模块的模型 JavaBean 分别描述会员信息；该模块的视图部分由 3 个 JSP 页面构成，一个 JSP 页面负责提交用户浏览会员信息的方式：分页浏览全部会员信息、浏览特定会员信息，另外两个 JSP 页面分别负责分页显示全体会员信息和显示特定会员信息；该模块的控制器 Servlet 使用 doPost 方法查询数据库 member 表中的全部记录，并对记录进行分页处理，使用 doGet 方法查询数据库 member 表中特定的记录。另外，控制器还能阻止未登录用户浏览和查询会员信息。

10.7.1 模型

模型由两个 JavaBean，其源文件分别是 MemberInform.java 和 ShowByPage.java。

下列 MemberInform.java 描述会员信息。

MemberInform.java

```
package mybean.data;
public class MemberInform{
   String logname,email,phone,message,pic,backNews;
   public void setLogname(String name){
      logname = name;
   }
   public String getLogname(){
      return logname;
   }
   public void setEmail(String em){
      email = em;
   }
   public String getEmail(){
      return email;
   }
   public void setPhone(String ph){
```

```
        phone = ph;
    }
    public String getPhone(){
        return phone;
    }
    public String getMessage(){
        return message;
    }
    public void setMessage(String m){
        message = m;
    }
    public String getPic(){
        return pic;
    }
    public void setPic(String s){
        pic = s;
    }
    public String getBackNews(){
        return backNews;
    }
    public void setBackNews(String s){
        backNews = s;
    }
}
```

下列 ShowByPage.java 描述记录的分页信息。

ShowByPage.java

```
package mybean.data;
import com.sun.rowset.*;
public class ShowByPage{
    CachedRowSetImpl rowSet = null;          //存储表中全部记录的行集对象
    int pageSize = 10;                       //每页显示的记录数
    int pageAllCount = 0;                    //分页后的总页数
    int showPage = 1   ;                     //当前显示页
    StringBuffer presentPageResult;          //显示当前页内容
    public void setRowSet(CachedRowSetImpl set){
        rowSet = set;
    }
    public CachedRowSetImpl getRowSet(){
        return rowSet;
    }
    public void setPageSize(int size){
        pageSize = size;
    }
    public int getPageSize(){
        return pageSize;
    }
    public int getPageAllCount(){
        return pageAllCount;
    }
```

```
    public void setPageAllCount(int n){
       pageAllCount = n;
    }
    public void setShowPage(int n){
       showPage = n;
    }
    public int getShowPage(){
       return showPage;
    }
    public void setPresentPageResult(StringBuffer p){
       presentPageResult = p;
    }
    public StringBuffer getPresentPageResult(){
       return presentPageResult;
    }
}
```

10.7.2 控制器

该模块的控制器的名字是 lookRecord(见 10.3 给出的 web.xml 配置文件)。lookRecord 使用 doPost 方法查询数据库 member 表中的全部记录,并对记录进行分页处理,使用 doGet 方法查询数据库 member 表中特定的记录。另外,控制器 lookRecord 还能阻止未登录用户浏览和查询会员信息。

HandleDatabase.java

```
package myservlet.control;
import mybean.data.*;
import com.sun.rowset.*;
import java.sql.*;
import java.io.*;
import javax.servlet.*;
import javax.servlet.http.*;
public class HandleDatabase extends HttpServlet{
   CachedRowSetImpl rowSet = null;
   public void init(ServletConfig config) throws ServletException{
      super.init(config);
      try { Class.forName("com.mysql.jdbc.Driver");
      }
      catch(Exception e){}
   }
   public void doPost(HttpServletRequest request,HttpServletResponse response)
                        throws ServletException,IOException{
      HttpSession session = request.getSession(true);
      Login login = (Login)session.getAttribute("login");
      boolean ok = true;
      if(login == null){
         ok = false;
         response.sendRedirect("login.jsp");
      }
      if(ok == true){
         continueDoPost(request,response);
```

```
        }
    }
    public void continueDoPost(HttpServletRequest request,HttpServletResponse response)
                                throws ServletException,IOException {
        HttpSession session = request.getSession(true);
        Connection con = null;
        StringBuffer presentPageResult = new StringBuffer();
        ShowByPage showBean = null;
        try{
            showBean = (ShowByPage)session.getAttribute("show");
            if(showBean == null){
                showBean = new ShowByPage();          //创建 JavaBean 对象
                session.setAttribute("show",showBean);
            }
        }
        catch(Exception exp){
            showBean = new ShowByPage();
            session.setAttribute("show",showBean);
        }
        showBean.setPageSize(3);                      //每页显示 3 条记录
        int showPage = Integer.parseInt(request.getParameter("showPage"));
        if(showPage > showBean.getPageAllCount())
        showPage = 1;
        if(showPage <= 0)
        showPage = showBean.getPageAllCount();
        showBean.setShowPage(showPage);
        int pageSize = showBean.getPageSize();
        String uri = "jdbc:mysql://127.0.0.1/MakeFriend";
        try{
            con = DriverManager.getConnection(uri,"root","");
            Statement sql = con.createStatement(ResultSet.TYPE_SCROLL_SENSITIVE,
                                                ResultSet.CONCUR_READ_ONLY);
            ResultSet rs = sql.executeQuery("SELECT * FROM member");
            rowSet = new CachedRowSetImpl();          //创建行集对象
            rowSet.populate(rs);
            con.close();                              //关闭连接
            showBean.setRowSet(rowSet);               //数据存储在 showBean 中
            rowSet.last();
            int m = rowSet.getRow();                  //总行数
            int n = pageSize;
            int pageAllCount = ((m % n) == 0)?(m/n):(m/n + 1);
            showBean.setPageAllCount(pageAllCount);//数据存储在 showBean 中
            presentPageResult = show(showPage,pageSize,rowSet);
            showBean.setPresentPageResult(presentPageResult);
        }
        catch(SQLException exp){}
        RequestDispatcher dispatcher =
        request.getRequestDispatcher("showAllMember.jsp");
        dispatcher.forward(request, response);
    }
    public StringBuffer show(int page,int pageSize,CachedRowSetImpl rowSet){
        StringBuffer str = new StringBuffer();
        try{
            rowSet.absolute((page - 1) * pageSize + 1);
```

```
        for(int i = 1;i <= pageSize;i++){
            str.append("< tr >");
            str.append("< td >" + rowSet.getString(1) + "</td >");
            str.append("< td >" + rowSet.getString(3) + "</td >");
            str.append("< td >" + rowSet.getString(4) + "</td >");
            str.append("< td >" + rowSet.getString(5) + "</td >");
            String s = "< img src = image/" + rowSet.getString(6) + " width = 100 height =
100/>";
            str.append("< td >" + s + "</td >");
            str.append("</tr >");
            rowSet.next();
        }
    }
    catch(SQLException exp){}
    return str;
  }
  public void doGet(HttpServletRequest request,HttpServletResponse response)
                        throws ServletException,IOException{
    HttpSession session = request.getSession(true);
    Login login = (Login)session.getAttribute("login");
    boolean ok = true;
    if(login == null){
        ok = false;
        response.sendRedirect("login.jsp");
    }
    if(ok == true)
      continueDoGet(request,response);
  }
  public void continueDoGet(HttpServletRequest request,HttpServletResponse response)
                        throws ServletException,IOException{
    MemberInform inform = new MemberInform();
    request.setAttribute("inform",inform);
    String logname = request.getParameter("logname");
    Connection con = null;
    String uri = "jdbc:mysql://127.0.0.1/MakeFriend";
    try{ con = DriverManager.getConnection(uri,"root","");
         Statement sql = con.createStatement();
         ResultSet rs =
         sql.executeQuery("SELECT * FROM member where logname = '" + logname + "'");
         if(rs.next()){
             inform.setLogname(rs.getString(1));
             inform.setPhone(rs.getString(3));
             inform.setEmail(rs.getString(4));
             inform.setMessage(rs.getString(5));
             inform.setPic(rs.getString(6));
             inform.setBackNews("查询到的会员信息：");
         }
         con.close();
         RequestDispatcher dispatcher =
         request.getRequestDispatcher("showLookedMember.jsp");
         dispatcher.forward(request, response);
    }
    catch(SQLException exp){
         inform.setBackNews("" + exp);
```

```
            }
        }
    }
```


10.7.3 视图

本模块的视图由3个JSP页面choiceLookType.jsp(效果如图10-12所示)、showAllMember.jsp(效果如图10-13所示)和showLookedMember.jsp(效果如图10-14所示)构成。choiceLookType.jsp负责将浏览会员的方式提交给控制器,showAllMember.jsp负责分页显示全体会员的信息,showLookedMember.jsp负责显示被查询到的会员信息。

choiceLookType.jsp(效果如图10-12所示)

```
<%@ page contentType = "text/html;charset = GB2312" %>
<HEAD><%@ include file = "head.txt" %></HEAD>
<HTML><BODY bgcolor = cyan><center><Font size = 3>
    <table>
    <FORM action = "helpShowMember" method = "post" name = "form">
     <BR>分页显示全体会员
      <INPUT type = "hidden" value = "1" name = "showPage" size = 6>
    <INPUT type = "submit" value = "显示" name = "submit">
    </Form>
   <FORM action = "helpShowMember" method = "get" name = "form">
     <br>输入要查找的会员名:
     <INPUT type = "text" name = "logname" size = 6>
     <INPUT type = "submit" value = "显示" name = "submit">
    </FORM>
</BODY></HTML>
```

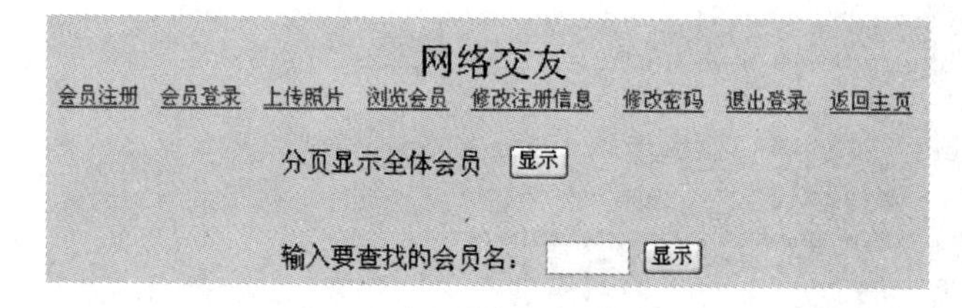

图10-12 选择浏览方式

showAllMember.jsp(效果如图10-13所示)

```
<%@ page contentType = "text/html;charset = GB2312" %>
<%@ page import = "mybean.data.ShowByPage" %>
<jsp:useBean id = "show" type = "mybean.data.ShowByPage" scope = "session"/>
<%@ include file = "head.txt" %></HEAD>
<HTML><Body><center>
<BR>当前显示的内容是:
  <table border = 2>
  <tr>
    <th>会员名</th>
    <th>电话</th>
    <th>E-mail</th>
```

```
        <th>简历和交友标准</th>
        <th>用户照片</th>
    </tr>
    <jsp:getProperty name = "show" property = "presentPageResult"/>
    </table>
<BR>每页最多显示<jsp:getProperty name = "show" property = "pageSize"/>条信息
<BR>当前显示第<Font color = blue>
        <jsp:getProperty name = "show" property = "showPage"/>
     </Font>页,共有
     <Font color = blue><jsp:getProperty name = "show" property = "pageAllCount"/>
     </Font>页.
<BR>单击"上一页"或"下一页"按钮查看信息
<Table>
    <tr><td><FORM action = "helpShowMember" method = post>
                <Input type = hidden name = "showPage" value = "<% = show.getShowPage() - 1 %>">
                 <Input type = submit name = "g" value = "上一页">
                </FORM>
        </td>
        <td><FORM action = "helpShowMember" method = post>
                <Input type = hidden name = "showPage" value = "<% = show.getShowPage() + 1 %>">
                <Input type = submit name = "g" value = "下一页">
                </Form>
        </td>
        <td> <FORM action = "helpShowMember" method = post>
                 输入页码: <Input type = text name = "showPage" size = 5 >
                 <Input type = submit name = "g" value = "提交">
                 </FORM>
        </td>
    </tr>
    </Table>
</Center>
</BODY></HTML>
```

网络交友

会员注册 会员登录 上传照片 浏览会员 修改注册信息 修改密码 退出登录 返回主页

当前显示的内容是:

会员名	电话	E-mail	简历和交友标准	用户照片
zhangsan	2345679	we@234.com	喜欢游泳	
zhaoxiaolin	3456788	56A@178.com	本人喜欢旅游，愿意结交喜欢旅游的朋友	

每页最多显示3条信息
当前显示第 3 页,共有 3 页。
单击“上一页”或“下一页”按纽查看信息
上一页 下一页 输入页码: 提交

图 10-13　分页显示会员信息

showLookedMember.jsp(效果如图 10.14 所示)

```
<%@ page contentType = "text/html;charset = GB2312" %>
<%@ page import = "mybean.data.MemberInform" %>
<HEAD><%@ include file = "head.txt" %></HEAD>
<jsp:useBean id = "inform" type = "mybean.data.MemberInform" scope = "request"/>
<HTML>
<BODY bgcolor = pink>
<Center>
<table border = 2>
  <tr>
   <th>会员名</th>
    <th>电话</th>
    <th>email</th>
    <th>简历和交友标准</th>
    <th>用户照片</th>
</tr>
<tr>
  <td><jsp:getProperty name = "inform" property = "logname" /></td>
  <td><jsp:getProperty name = "inform" property = "phone" /></td>
  <td><jsp:getProperty name = "inform" property = "email" /></td>
  <td><jsp:getProperty name = "inform" property = "message" /></td>
  <td><img src = image/<jsp:getProperty name = "inform" property = "pic"/>
       width = 50 height = 50>
     </img></td>
</table>
</Center>
</BODY></HTML>
```

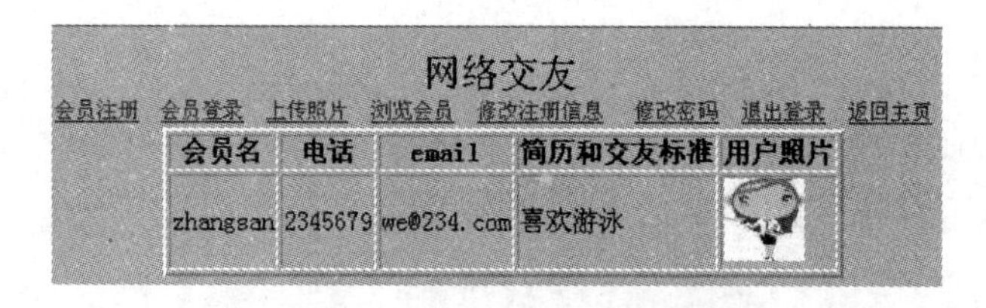

图 10-14 显示某个会员的信息

10.8 修改密码

登录的用户可在该模块修改密码。该模块的模型 JavaBean 负责描述密码的有关信息。该模块的视图部分由两个 JSP 页面构成,一个 JSP 页面负责提交用户的新旧密码到控制器,另一个 JSP 页面负责显示修改是否成功的信息。该模块的控制器 Servlet 负责修改密码。

10.8.1 模型

下列 Password.java 的实例用来描述修改密码有关信息。

Password. java

```
package mybean.data;
public class Password{
   String oldPassword,newPassword,backNews = "";
   public void setNewPassword(String pw){
      newPassword = pw;
   }
   public String getnewPassword(){
      return newPassword;
   }
   public void setOldPassword(String pw){
      oldPassword = pw;
   }
   public String getOldPassword(){
      return oldPassword;
   }
   public String getBackNews(){
      return backNews;
   }
   public void setBackNews(String s){
      backNews = s;
   }
}
```

10.8.2 控制器

控制器负责连接数据库,根据当前用户注册的会员名修改 member 表中该会员的 password 字段的值,并转发修改信息到 showModifyMess. jsp 页面。另外,控制器还能阻止未登录用户进行修改密码操作。

HandlePassword. java

```
package myservlet.control;
import mybean.data. * ;
import java.sql. * ;
import java.io. * ;
import javax.servlet. * ;
import javax.servlet.http. * ;
public class HandlePassword extends HttpServlet{
   public void init(ServletConfig config) throws ServletException{
      super.init(config);
      try { Class.forName("com.mysql.jdbc.Driver");
      }
      catch(Exception e){}
   }
   public void doPost(HttpServletRequest request,HttpServletResponse response)
                         throws ServletException,IOException{
      HttpSession session = request.getSession(true);
      Login login = (Login)session.getAttribute("login");
      boolean ok = true;
```

```
        if(login == null){
            ok = false;
            response.sendRedirect("login.jsp");
        }
        if(ok == true)
            continueWork(request,response);
    }
    public void continueWork(HttpServletRequest request,HttpServletResponse response)
                                throws ServletException,IOException{
        HttpSession session = request.getSession(true);
        Login login = (Login)session.getAttribute("login");
        Connection con = null;
        String logname = login.getLogname();
        Password passwordBean = new Password();
        request.setAttribute("password",passwordBean);
        String oldPassword = request.getParameter("oldPassword");
        String newPassword = request.getParameter("newPassword");
        String uri = "jdbc:mysql://127.0.0.1/MakeFriend";
        try{
            con = DriverManager.getConnection(uri,"root","");
            Statement sql = con.createStatement();
            ResultSet rs =
            sql.executeQuery("SELECT * FROM member where logname = '" +
                            logname + "'And password = '" + oldPassword + "'");
            if(rs.next()){
                String updateString = "UPDATE member SET password = '" +
                                newPassword + "' where logname = '" + logname + "'";
                int m = sql.executeUpdate(updateString);
                if(m == 1){
                    passwordBean.setBackNews("密码更新成功");
                    passwordBean.setOldPassword(oldPassword);
                    passwordBean.setNewPassword(newPassword);
                }
                else
                    passwordBean.setBackNews("密码更新失败");
            }
            else
                passwordBean.setBackNews("密码更新失败");

        }
        catch(SQLException exp){
            passwordBean.setBackNews("密码更新失败" + exp);
        }
        RequestDispatcher dispatcher =
        request.getRequestDispatcher("showNewPassword.jsp");
        dispatcher.forward(request, response);
    }
    public void doGet(HttpServletRequest request,HttpServletResponse response)
                        throws ServletException,IOException{
        doPost(request,response);
    }
}
```

10.8.3 视图

本模块的视图由 modifyPassword.jsp(效果如图 10-15 所示)和 showNewPasswor.jsp(效果如图 10-16 所示)两个 JSP 页面构成。modifyPassword.jsp 页面负责提供输入密码界面；showNewPasswor.jsp 负责显示修改密码的反馈信息。

modifyPassword.jsp(效果如图 10-15 所示)

```
<%@ page contentType = "text/html;charset = GB2312" %>
<HEAD><%@ include file = "head.txt" %></HEAD>
<HTML><BODY bgcolor = cyan>
<Font size = 2>
<CENTER>
<BR>请输入您的当前的密码和新密码:
<FORM action = "helpModifyPassword" Method = "post">
<BR>当前密码:<Input type = password name = "oldPassword">
<BR>新密码: <Input type = password name = "newPassword">
<BR><Input type = submit name = "g" value = "提交">
</Form>
</CENTER>
</BODY></HTML>
```

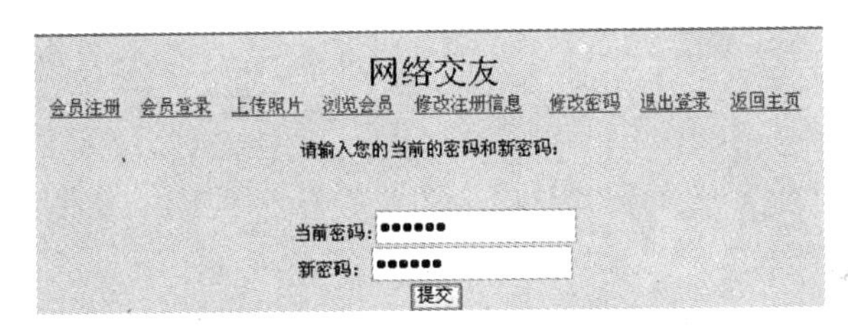

图 10-15 修改密码

showNewPassword.jsp(效果如图 10-16 所示)

```
<%@ page contentType = "text/html;charset = GB2312" %>
<%@ page import = "mybean.data.Password" %>
<jsp:useBean id = "password" type = "mybean.data.Password" scope = "request"/>
<HEAD><%@ include file = "head.txt" %></HEAD>
<HTML><BODY bgcolor = yellow >
<CENTER>
<BR><jsp:getProperty name = "password" property = "backNews" />
<BR>您的新密码: <jsp:getProperty name = "password" property = "newPassword" />
<BR>您的旧密码: <jsp:getProperty name = "password" property = "oldPassword" />
</FONT>
</CENTER>
</BODY></HTML>
```

网络交友
会员注册 会员登录 上传照片 浏览会员 修改注册信息 修改密码 退出登录 返回主页
密码更新成功
您的新密码: 654321
您的旧密码: 123456

图 10-16 显示修改密码结果

10.9　修改注册信息

用户可在该模块修改曾注册的个人信息。该模块的模型 Javabean 描述用户修改的信息；该模块视图部分由两个 JSP 页面构成，第一个页面负责提交用户的修改信息到控制器，第二个 JSP 页面负责显示修改是否成功的信息。该模块的控制器负责修改曾注册的信息，并能阻止未登录用户使用该模块。

10.9.1　模型

下列的 ModifyMessage.java，用来描述用户所做的修改信息。

ModifyMessage.java

```
package mybean.data;
public class ModifyMessage{
    String logname,newEmail,newPhone,newMessage,backNews;
    public void setLogname(String name){
        logname = name;
    }
    public String getLogname(){
        return logname;
    }
    public void setNewEmail(String em){
        newEmail = em;
    }
    public String getNewEmail(){
        return newEmail;
    }
    public void setNewPhone(String ph){
        newPhone = ph;
    }
    public String getNewPhone(){
        return newPhone;
    }
    public String getNewMessage(){
        return newMessage;
    }
    public void setNewMessage(String m){
        newMessage = m;
    }
    public String getBackNews(){
        return backNews;
    }
    public void setBackNews(String s){
        backNews = s;
    }
}
```

10.9.2 控制器

该 Servlet 对象的名字是：modifyOldMess（见 10.3 给出的 web.xml 配置文件）。modifyOldMess 负责连接数据库，将用户提交新信息写入 member 表，并将用户转发到 showModifyMess.jsp 页面查看修改反馈信息。

HandleModifyMess.java

```
package myservlet.control;
import mybean.data.*;
import java.sql.*;
import java.io.*;
import javax.servlet.*;
import javax.servlet.http.*;
public class HandleModifyMess extends HttpServlet{
   public void init(ServletConfig config) throws ServletException{
      super.init(config);
      try { Class.forName("com.mysql.jdbc.Driver");
      }
      catch(Exception e){}
   }
   public String handleString(String s){
      try{ byte bb[] = s.getBytes("iso-8859-1");
            s = new String(bb);
      }
      catch(Exception ee){}
      return s;
   }
   public void doPost(HttpServletRequest request,HttpServletResponse response)
                        throws ServletException,IOException{
      HttpSession session = request.getSession(true);
      Login login = (Login)session.getAttribute("login");
      boolean ok = true;
      if(login == null){
         ok = false;
         response.sendRedirect("login.jsp");
      }
      if(ok == true){
         continueDoPost(request,response);
      }
   }
   public void continueDoPost(HttpServletRequest request, HttpServletResponse response)
                                  throws ServletException,IOException{
      HttpSession session = request.getSession(true);
      Login login = (Login)session.getAttribute("login");
      String logname = login.getLogname();
      Connection con;
      Statement sql;
      ModifyMessage modify = new ModifyMessage();
      request.setAttribute("modify",modify);
```

```
        String email = request.getParameter("newEmail").trim(),
        phone = request.getParameter("newPhone").trim(),
        message = request.getParameter("newMessage");
        email = handleString(email);
        message = handleString(message);
        String backNews = "";
        try{
             String uri = "jdbc:mysql://127.0.0.1/MakeFriend?" +
                          "user = root&password = &characterEncoding = gb2312";
             con = DriverManager.getConnection(uri);
             String updateCondition = "UPDATE member SET phone = '" +
                                      phone + "',email = '" + email + "',message = '" + message +
                                      "' WHERE logname = '" + logname + "'";
             sql = con.createStatement();
             int m = sql.executeUpdate(updateCondition);
             if(m == 1){
                  backNews = "修改信息成功";
                  modify.setBackNews(backNews);
                  modify.setLogname(logname);
                  modify.setNewEmail(email);
                  modify.setNewPhone(phone);
                  modify.setNewMessage(message);
             }
             else{
                  backNews = "信息填写不完整或信息中有非法字符";
                  modify.setBackNews(backNews);
             }
             con.close();
         }
         catch(SQLException exp){
             modify.setBackNews("" + exp);
         }
         RequestDispatcher dispatcher =
         request.getRequestDispatcher("showModifyMess.jsp");
         dispatcher.forward(request, response);
    }
    public void doGet(HttpServletRequest request,HttpServletResponse response)
                     throws ServletException,IOException{
        doPost(request,response);
    }
}
```

本模块的视图由 inputModifyMess.jsp(效果如图 10-17 所示)和 showModifyMess.jsp(效果如图 10-18 所示)两个 JSP 页面构成。inputModifyMess.jsp 页面提供修改信息界面，showModifyMess.jsp 显示修改反馈信息。

inputModifyMess.jsp(效果如图 10-17 所示)

```
<%@ page contentType = "text/html;charset = GB2312" %>
<HEAD><%@ include file = "head.txt" %></HEAD>
<HTML><BODY bgcolor = pink><CENTER><Font size = 2>
```

```
<FORM action = "helpModifyMess" name = form >
<table>
   <tr><td>新联系电话:</td>
        <td><Input type = text name = "newPhone"></td>
   </tr>
   <tr><td>新电子邮件:</td>
        <td><Input type = text name = "newEmail"></td>
   </tr>
  </table>
  <table>
   <tr><td>新简历和交友标准: </td>
   </tr>
   <tr><td><TextArea name = "newMessage" Rows = "6" Cols = "30">
            </TextArea>
        </td>
   </tr>
   <tr><td><Input type = submit name = "g" value = "提交修改"></td>
   </tr>
   <tr><td><Input type = reset value = "重置"></td>
   </tr>
</table><Font></CENTER>
</BODY></HTML>
```

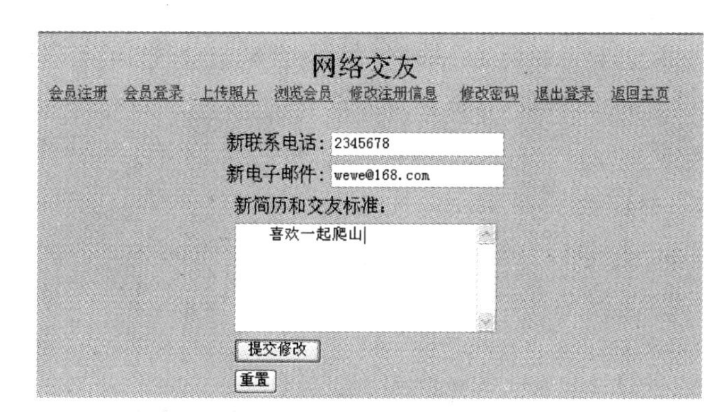

图 10-17 修改信息

showModifyMess.jsp(效果如图 10-18 所示)

```
<%@ page contentType = "text/html;charset = GB2312" %>
<%@ page import = "mybean.data.ModifyMessage" %>
<jsp:useBean id = "modify" type = "mybean.data.ModifyMessage" scope = "request"/>
<HEAD><%@ include file = "head.txt" %></HEAD>
<HTML><BODY bgcolor = yellow >
<Font size = 3 ><CENTER>
<jsp:getProperty name = "modify" property = "backNews"/>,
您修改信息如下:
<table border = 1 >
<tr><td>新电话</td>
       <td>新 E-mail </td>
     <td>新简历和交友标准</td>
```

```
</tr>
<tr><td><jsp:getProperty name="modify" property="newPhone"/></td>
      <td><jsp:getProperty name="modify" property="newEmail"/></td>
    <td><textarea>
        <jsp:getProperty name="modify" property="newMessage"/>
        </textarea>
    </td>
</tr>
</FONT></CENTER>
</BODY></HTML>
```

图 10-18　修改信息

10.10　退出登录

该模块只有一个名字为exit的Servlet控制器该(见10.3给出的web.xml配置文件)。exit负责销毁用户的Session对象,导致登录失效。

HandleExit.java

```
package myservlet.control;
import mybean.data.*;
import java.io.*;
import javax.servlet.*;
import javax.servlet.http.*;
public class HandleExit extends HttpServlet{
   public void init(ServletConfig config) throws ServletException{
      super.init(config);
   }
   public void doPost(HttpServletRequest request,HttpServletResponse response)
                        throws ServletException,IOException{
      HttpSession session=request.getSession(true);
      Login login=(Login)session.getAttribute("login");
      boolean ok=true;
       if(login==null){
         ok=false;
         response.sendRedirect("login.jsp");
       }
       if(ok==true)
         continueDoPost(request,response);
   }
   public void continueDoPost(HttpServletRequest request,HttpServletResponse response)
                              throws ServletException,IOException{
```

```
        HttpSession session = request.getSession(true);
        session.invalidate();                          //销毁用户的 session 对象
        response.sendRedirect("index.jsp");            //返回主页
    }
    public void doGet(HttpServletRequest request,HttpServletResponse response)
                        throws ServletException,IOException{
        doPost(request,response);
    }
}
```

附录A 习题解答

习 题 1

1. 答：确保Tomcat服务器使用的是Java_home环境变量设置的JDK。

2. 答：属于操作题，解答略。

3. 答：Web服务目录下的目录称为该Web服务目录下的相对Web服务目录。在浏览器的地址栏中输入：http://IP:8080/Web目录名字/子目录名字/JSP页面。

4. 答：修改Tomcat服务器安装目录中conf文件夹中的主配置文件server.xml，只要没有其他应用程序正在占用80，就可以将端口号设置为80。

习 题 2

1. 答："<%!"和"%>"之间声明的变量在整个JSP页面内都有效，称为JSP页面的成员变量，成员变量的有效范围与标记符号"<%!"、"%>"所在的位置无关。所有用户共享JSP页面的成员变量，因此任何一个用户对JSP页面成员变量操作的结果都会影响到其他用户。

"<%"和"%>"之间声明的变量称为局部变量，局部变量在JSP页面后继的所有程序片以及表达式部分内都有效。运行在不同线程中的Java程序片的局部变量互不干扰，即一个用户改变Java程序片中的局部变量的值不会影响其他用户的Java程序片中的局部变量。当一个线程将Java程序片执行完毕，运行在该线程中的Java程序片的局部变量释放所占的内存。

2. 答：两次。

3. 答：第一个问题的答案是允许，第二个问题的答案是不允许。

4. 答：第一个用户看到的sum的值是610，第二个用户看到的sum的值是1210。

5. 答：

```
<%@ page contentType = "text/html;charset = GB2312" %>
<HTML><BODY>
<%
  for(char c = 'A';c <= 'Z';c++)
  {
     out.print(" " + c);
  }
%>
</BODY></HTML>
```

6. 答：include指令标记的作用是在JSP页面出现该指令的位置处，静态插入一个文件，即JSP页面和插入的文件合并成一个新的JSP页面，然后JSP引擎再将这个新的JSP页面转译成Java文件。因此，插入文件后，必须保证新合并成的JSP页面符合JSP语法规则，即能够成为一个JSP页面文件。include动作标记告诉JSP页面动态加载一个文件，不把JSP页面中动作指令include所指定的文件与原JSP页面合并一个新的JSP页面，而是告诉Java解释器，这个文件在JSP运行时(Java文件的字节码文件被加载执行)才被处理。如果包含的文件是普通的文本文件，就将文件的内容发送到客户端，由客户端负责显示；如果包含的文件是JSP文件，JSP引擎就执行这个文件，然后将执行的结果发送到客户端，并由客户端负责显示这些结果。

7. 答：

main.jsp：

```
<%@ page contentType="text/html;charset=GB2312" %>
<HTML>
<BODY>
  <jsp:include page="lader.jsp">
    <jsp:param name="a" value="5" />
    <jsp:param name="b" value="6" />
    <jsp:param name="h" value="10" />
  </jsp:include>
</BODY>
</HTML>
```

lader.jsp：

```
<%@ page contentType="text/html;charset=GB2312" %>
<HTML>
<BODY>
<%
  String strA=request.getParameter("a");
  String strB=request.getParameter("b");
  String strH=request.getParameter("h");
  double a=Double.parseDouble(strA);
  double b=Double.parseDouble(strB);
  double h=Double.parseDouble(strH);
  double area=(a+b)*h/2;
%>
<P>梯形面积:<%=area%>
</BODY>
</HTML>
```

习　题　3

1. 答：不可以。

2. 答：如果某个Web服务目录下的JSP页面准备调用一个Tag文件，那么必须在该Web服务目录下，建立目录：Web服务目录\WEB-INF\tags，其中，WEB-INF和tags都是固定的子目录名称，而tags下的子目录名字可由用户给定。一个Tag文件必须保存到tags

目录或其下的子目录中。

3. 答：body-content、language、import、pageEncoding。

4. 答：使用 attribute 指令可以动态地向该 Tag 文件传递对象的引用。

5. 答：使用 variable 指令可以将 Tag 文件中的对象返回给调用该 Tag 文件的 JSP 页面。

6. 答：

Lianxi6.jsp：

```
<%@ page contentType = "text/html;Charset = GB2312" %>
<%@ taglib tagdir = "/WEB - INF/tags" prefix = "computer" %>
<HTML>
<BODY>
   <H3>以下是调用 Tag 文件的效果：</H3>
   <computer:Rect sideA = "5" sideB = "6"/>
     <H3>以下是调用 Tag 文件的效果：</H3>
   <computer:Circle radius = "16"/>
</BODY>
</HTML>
```

Rect.tag：

```
<h4>这是一个 Tag 文件,负责计算矩形的面积。
<%@ attribute name = "sideA" required = "true" %>
<%@ attribute name = "sideB" required = "true" %>
  <%!
        public String getArea(double a,double b)
        {  if(a>0&&b>0)
           {
              double area = a * b ;
               return "<BR>矩形的面积:" + area;
           }
           else
           {  return("<BR>" + a + "," + b + "不能构成一个矩形,无法计算面积");
           }
        }
  %>
  <%   out.println("<BR>JSP 页面传递过来的两条边：" + sideA + "," + sideB);
        double a = Double.parseDouble(sideA);
        double b = Double.parseDouble(sideB);
        out.println(getArea(a,b));
  %>
```

Circle.tag：

```
<h4>这是一个 Tag 文件,负责计算圆的面积。
<%@ attribute name = "radius" required = "true" %>
  <%!
        public String getArea(double r)
        {  if(r>0)
           {
```

```
            double area = Math.PI * r * r ;
            return "<BR>圆的面积:" + area;
         }
        else
        {   return("<BR>" + r + "不能构成一个圆,无法计算面积");
        }
    }
%>
<%  out.println("<BR>JSP 页面传递过来的半径: " + radius);
     double r = Double.parseDouble(radius);
     out.println(getArea(r));
%>
```

7. 答:

one.jsp:

```
<%@ page contentType = "text/html;charset = GB2312" %>
<%@ page import = "java.text.*" %>
<%@ taglib tagdir = "/WEB-INF/tags" prefix = "computer" %>
<HTML>
<BODY bgcolor = cyan>
  <computer:GetArea sideA = "3" sideB = "6" sideC = "5"/>
  <h4> 面积保留 3 位小数点:
  <%
        NumberFormat f = NumberFormat.getInstance();
        f.setMaximumFractionDigits(3);
        double result = area.doubleValue();
        String str = f.format(result);
        out.println(str);
%>
</BODY>
</HTML>
```

two.jsp:

```
<%@ page contentType = "text/html;charset = GB2312" %>
<%@ page import = "java.text.*" %>
<%@ taglib tagdir = "/WEB-INF/tags" prefix = "computer" %>
<HTML>
<BODY bgcolor = cyan>
  <computer:GetArea sideA = "3" sideB = "6" sideC = "5"/>
  <h4> 面积保留 6 位小数点:
  <%
        NumberFormat f = NumberFormat.getInstance();
        f.setMaximumFractionDigits(6);
        double result = area.doubleValue();
        String str = f.format(result);
        out.println(str);
%>
</BODY>
</HTML>
```

GetArea.tag:

```
<%@ attribute name="sideA" required="true" %>
<%@ attribute name="sideB" required="true" %>
<%@ attribute name="sideC" required="true" %>
<%@ variable name-given="area" variable-class="java.lang.Double" scope="AT_END" %>
  <%
      double a=Double.parseDouble(sideA);
      double b=Double.parseDouble(sideB);
      double c=Double.parseDouble(sideC);
      if(a+b>c&&a+c>b&&c+b>a)
      {   double p=(a+b+c)/2.0;
          double result=Math.sqrt(p*(p-a)*(p-b)*(p-c)) ;
          jspContext.setAttribute("area",new Double(result));
      }
     else
      {   jspContext.setAttribute("area",new Double(-1));
      }
%>
```

8. 答:

linxi8.jsp:

```
<%@ page contentType="text/html;Charset=GB2312" %>
<%@ taglib tagdir="/WEB-INF/tags" prefix="ok" %>
<html>
<body>
<table border=1>
<ok:Biaoge color="yellow" name="姓名" phone="电话" email="email">
    <ok:Biaoge  color="cyan" name="张三" phone="12345678" email="ss@163.com"/>
    <ok:Biaoge  color="#ffc0ff" name="李小花" phone="9876543" email="cc@163.com"/>
    <ok:Biaoge  color="cyan" name="孙六" phone="11223355" email="pp@163.com"/>
    <ok:Biaoge color="#ffc0ff" name="吴老二" phone="66553377" email="ee@163.com"/>
</ok:Biaoge>
</table>
</body>
</html>
```

Biaoge.tag:

```
<%@ attribute name="color" %>
<%@ attribute name="name" %>
<%@ attribute name="phone" %>
<%@ attribute name="email" %>
 <tr   bgcolor="<%=color%>">
        <td width=60><%=name%></td>
        <td width=60><%=phone%></td>
        <td width=60><%=email%></td>
 </tr>
 <jsp:doBody/>
```

习 题 4

1. 答：C。

2. 答：将获取的字符串用ISO-8859-1进行编码，并将编码存放到一个字节数组中，然后再将这个数组转化为字符串对象。

3. 答：

inputString.jsp：

```
<%@ page contentType = "text/html;charset = GB2312" %>
<HTML>
<BODY bgcolor = green>
   <FORM action = "computer.jsp" method = post name = form>
        <INPUT type = "text" name = "str">
        <INPUT TYPE = "submit" value = "提交" name = "submit">
   </FORM>
</BODY>
</HTML>
```

computer.jsp：

```
<%@ page contentType = "text/html;charset = GB2312" %>
<MHML><BODY>
   <%   String textContent = request.getParameter("str");
         byte  b[] = textContent.getBytes("ISO - 8859 - 1");
         textContent = new String(b);
    %>
字符串:<% = textContent %>的长度:<% = textContent.length() %>
</BODY></HTML>
```

4. 答：实现用户的重定向。

5. 答：(1) 不相同。(2) 相同。(3) 可能消失。(4) 一定消失。

6. 答：

lianxi6.jsp：

```
<%@ page contentType = "text/html;charset = GB2312" %>
<HTML>
<BODY>
<%
   session.setAttribute("message","请您猜字母");
   char a[] = new char[26];
   int m = 0;
   for(char c = 'a';c <= 'z';c++)
   {  a[m] = c;
      m++;
   }
   int randomIndex = (int)(Math.random() * a.length);
   char ch = a[randomIndex];       //获取一个英文字母
   session.setAttribute("savedLetter",new Character(ch));
   session.setAttribute("count",new Integer(0));
```

```
%>
访问或刷新该页面可以随机得到一个英文字母。
<BR>单击超链接去猜出这个字母:<A href = "guess.jsp">去猜字母</A>
</BODY>
</HTML>
```

guess.jsp:

```
<%@ page contentType = "text/html;charset = GB2312" %>
<%@ taglib tagdir = "/WEB-INF/tags" prefix = "guess" %>
<HTML><BODY bgcolor = cyan>
<%   String str = request.getParameter("clientGuessLetter");
      if(str == null)
        { str = " * ";
        }
      if(str.length() == 0)
        { str = " * ";
        }
%>
 <guess:GuessLetter guessLetter = "<% = str %>" />
 当前猜测结果: <% = message %>
<% if(message.startsWith("您猜对了"))
   {
%>   <br><A HREF = "lianxi6.jsp">重新获得一个字母</A>
<% }
    else
    {
  %><BR>输入您的猜测:
      <FORM action = "" method = "post" name = form>
        <INPUT type = "text" name = "clientGuessLetter" >
        <INPUT TYPE = "submit" value = "送出" name = "submit">
      </FORM>
<% }
%>
</FONT>
</BODY>
</HTML>
```

GuessLetter.tag:

```
<%@ tag pageEncoding = "GB2312" %>
<%@ attribute name = "guessLetter" required = "true" %>
<%@ variable name-given = "message" scope = "AT_END" %>
<% String mess = "";
     Character ch = (Character)session.getAttribute("savedLetter");
     char realLetter = ch.charValue();
     char c = (guessLetter.trim()).charAt(0);
     if(c <= 'z'&&c >= 'a')
     {
          if(realLetter == c)
          {
             int n = ((Integer)session.getAttribute("count")).intValue();
```

```
            n = n + 1;
            session.setAttribute("count",new Integer(n));
            mess = "您猜对了,这是第" + n + "次猜测";
        }
        else if(realLetter < c)
        {
            int n = ((Integer)session.getAttribute("count")).intValue();
            n = n + 1;
            session.setAttribute("count",new Integer(n));
            mess = "您猜大了,这是第" + n + "次猜测";
        }
        else if(realLetter > c)
        {
            int n = ((Integer)session.getAttribute("count")).intValue();
            n = n + 1;
            session.setAttribute("count",new Integer(n));
            mess = "您猜小了,这是第" + n + "次猜测";
        }
    }
    else
    {   mess = "请输入 a 至 z 之间的英文字母。";
    }
  jspContext.setAttribute("message",mess);
%>
```

习　题　5

1. 答: 不能。

2. 答: 调用 public long length()方法。

3. 答: A 和 D。

4. 答: RandomAccessFile 类既不是输入流类 InputStream 类的子类,也不是输出流类 OutputStream 类的子类。想对一个文件进行读写操作时,可以创建一个指向该文件的 RandomAccessFile 流,这样既可以从这个流中读取这个文件的数据,也可以通过这个流给这个文件写入数据。

5. 答:

input.jsp:

```
<%@ page contentType = "text/html;charset = GB2312"  %>
<HTML>
<BODY bgcolor = yellow>
<FORM action = "read.jsp" Method = "post" >
    输入目录:<Input type = text name = "dirName">
    <BR>输入文件名字:<Input type = text name = "fileName">
    <Input type = submit value = "提交">
</FORM>
</BODY>
</HTML>
```

read. jsp:

```
<%@ page contentType = "text/html;charset = GB2312" %>
<%@ taglib tagdir = "/WEB - INF/tags" prefix = "file" %>
<HTML>
<BODY bgcolor = pink>
  <%
       String s1 = request.getParameter("dirName");
       String s2 = request.getParameter("fileName");
       if(s1.length()> 0&&s2.length()> 0)
       {
  %>     <file:Read dirName = "<% = s1 %>" fileName = "<% = s2 %>" />
          <br>读取的文件内容:
          <br><TextArea rows = 10 cols = 16 ><% = content %></TextArea>
  <%
       }
  %>
</BODY>
</HTML>
```

Read. tag:

```
<%@ tag pageEncoding = "GB2312" %>
<%@ tag import = "java.io. * " %>
<%@ attribute name = "dirName" required = "true" %>
<%@ attribute name = "fileName" required = "true" %>
<%@ variable name - given = "content" scope = "AT_END" %>
<%
   StringBuffer str = new StringBuffer();
   try{
          File f = new File(dirName,fileName);
          FileReader in = new FileReader(f);
          BufferedReader bufferin = new BufferedReader(in);
          String temp;
          while((temp = bufferin.readLine())!= null)
          {  str.append(temp);
          }
          bufferin.close();
          in.close();
       }
     catch(IOException e)
       {
          str.append("" + e);
       }
    jspContext.setAttribute("content",new String(str));
 %>
```

习　题　6

1. 答:

a. jsp:

```
<%@ page contentType = "text/html;charset = GB2312" %>
<%@ taglib tagdir = "/WEB - INF/tags" prefix = "inquire" %>
```

```
<HTML>
<Body bgcolor = cyan>
<Font size = 2>
  <inquire:GetRecord dataBaseName = "pubs" tableName = "employee"/>
   在<% = biao %>表查询到记录:
   <BR><% = queryResult %>
</Font>
</Body>
</HTML>
```

GetRecord. tag:

```
<%@ tag pageEncoding = "GB2312" %>
<%@ tag import = "java.sql. * " %>
<%@ attribute name = "dataBaseName" required = "true" %>
<%@ attribute name = "tableName" required = "true" %>
<%@ variable name - given = "biao" scope = "AT_END" %>
<%@ variable name - given = "queryResult" scope = "AT_END" %>
<%
     StringBuffer result;
     result = new StringBuffer();
   try {
            Class.forName("com.mysql.jdbc.Driver");
       }
     catch(Exception e)
         {
            out.print(e);
         }
     Connection con;
     Statement sql;
     ResultSet rs;
     try{ result.append("<table border = 1>");

String uri =  "jdbc:mysql://127.0.0.1/" + dataBaseName;
            String user = "root";
            String password = "";
            con = DriverManager.getConnection(uri,user,password);
            DatabaseMetaData metadata = con.getMetaData();
            ResultSet rs1 = metadata.getColumns(null,null,tableName,null);
            int 字段个数 = 0;
            result.append("<tr>");
            while(rs1.next())
             { 字段个数++;
               String clumnName = rs1.getString(4);
               result.append("<td>" + clumnName + "</td>");
             }
            result.append("</tr>");
            sql = con.createStatement();
            rs = sql.executeQuery("SELECT * FROM " + tableName);
            while(rs.next())
              { result.append("<tr>");
```

```
                for(int k = 1;k <= 字段个数;k++)
                 { result.append("< td >" + rs.getString(k) + "</td >");
                 }
               result.append("</tr >");
             }
             result.append("</table >");
             con.close();
         }
        catch(SQLException e)
         { result.append("请输入正确的用户名和密码");
         }
        jspContext.setAttribute("queryResult",new String(result));
        jspContext.setAttribute("biao",tableName);
%>
```

2. 答：

b. jsp：

```
<%@ page contentType = "text/html;charset = GB2312" %>
<%@ taglib tagdir = "/WEB - INF/tags" prefix = "add" %>
< HTML >
< Body bgcolor = cyan >
< Font size = 2 >
  < add:AddRecord tableName = "product" number = "9888" name = "电视机"
       madeTime = "2009 - 10 - 10" price = "2678"/>
   向<% = biao %>添加的记录是:
   < BR > <% = newRecord %>
</Font >
</Body >
</HTML >
```

AddRecord. tag：

```
<%@ tag pageEncoding = "GB2312" %>
<%@ tag import = "java.sql. * " %>
<%@ attribute name = "tableName" required = "true" %>
<%@ attribute name = "number" required = "true" %>
<%@ attribute name = "name" required = "true" %>
<%@ attribute name = "madeTime" required = "true" %>
<%@ attribute name = "price" required = "true" %>
<%@ variable name - given = "biao" scope = "AT_END" %>
<%@ variable name - given = "newRecord" scope = "AT_END" %>
<%
    float p = Float.parseFloat(price);
    String condition =
    "INSERT INTO product VALUES" +
    "(" + "'" + number + "','" + name + "','" + madeTime + "'," + p + ")";
    try{
         Class.forName("com.mysql.jdbc.Driverr");
       }
    catch(Exception e) {}
```

```
    Connection con;
    Statement sql;
    ResultSet rs;
    try{
          String uri =
         "jdbc:mysql://127.0.0.1/warehouse?" +
          "user = root&password = &characterEncoding = gb2312";
          con = DriverManager.getConnection(uri);
          sql = con.createStatement();
          sql.executeUpdate(condition);
          con.close();
          String str = ("(" + "'" + number + "','" + name + "','" + madeTime + "'," + p + ")");
          jspContext.setAttribute("newRecord",str);
       }
    catch(Exception e)
      {
        jspContext.setAttribute("newRecord","" + e);
      }
    jspContext.setAttribute("biao",tableName);
%>
```

3. 答：

c.jsp：

```
<%@ page contentType = "text/html;charset = GB2312" %>
<%@ taglib tagdir = "/WEB-INF/tags" prefix = "reNew" %>
<HTML>
<Body bgcolor = cyan>
<Font size = 2>
  <reNew:RenewRecord tableName = "product" number = "9888" name = "计算机"
       madeTime = "2008-10-10" price = "2379"/>
   表<% = biao %>更新后的记录是：
   <BR><% = reNewRecord %>
</Font>
</Body>
</HTML>
```

RenewRecord.tag：

```
<%@ tag pageEncoding = "GB2312" %>
<%@ tag import = "java.sql.*" %>
<%@ attribute name = "tableName" required = "true" %>
<%@ attribute name = "number" required = "true" %>
<%@ attribute name = "name" required = "true" %>
<%@ attribute name = "madeTime" required = "true" %>
<%@ attribute name = "price" required = "true" %>
<%@ variable name-given = "biao" scope = "AT_END" %>
<%@ variable name-given = "reNewRecord" scope = "AT_END" %>
<%
    float p = Float.parseFloat(price);
    String condition1 = "UPDATE product SET name = '" + name +
```

```
        "' WHERE number = " + "'" + number + "'" ,
        condition2 = "UPDATE product SET madeTime =  '" + madeTime +
        "' WHERE number = " + "'" + number + "'",
              condition3 = "UPDATE product SET price =  " + price +
        " WHERE number = " + "'" + number + "'" ;

        try{
             Class.forName("com.mysql.jdbc.Driver"");
           }
        catch(Exception e) {}
        Connection con;
        Statement sql;
        ResultSet rs;
        try{
            String uri =
            "jdbc:mysql://127.0.0.1/warehouse?" +
             "user = root&password = &characterEncoding = gb2312";
             con = DriverManager.getConnection(uri);
             sql = con.createStatement();
             sql.executeUpdate(condition1);
             sql.executeUpdate(condition2);
             sql.executeUpdate(condition3);
             con.close();
             String str = ("(" + "'" + number + "','" + name + "','" + madeTime + "'," + p + ")");
             jspContext.setAttribute("reNewRecord",str);
           }
        catch(Exception e)
          {
            jspContext.setAttribute("reNewRecord","" + e);
          }
        jspContext.setAttribute("biao",tableName);
%>
```

4. 答:

d.jsp:

```
<%@ page contentType = "text/html;charset = GB2312" %>
<%@ taglib tagdir = "/WEB - INF/tags" prefix = "del" %>
<HTML>
<Body bgcolor = cyan>
<Font size = 2>
  <del:DelRecord tableName = "product" number = "9888" />
   表<% = biao %>删除的记录的键字段的值是:
   <BR><% = deletedRecord %>
</Font>
</Body>
</HTML>
```

DelRecord.tag:

```
<%@ tag pageEncoding = "GB2312" %>
```

```
<%@ tag import = "java.sql.*" %>
<%@ attribute name = "tableName" required = "true" %>
<%@ attribute name = "number" required = "true" %>
<%@ variable name-given = "biao" scope = "AT_END" %>
<%@ variable name-given = "deletedRecord" scope = "AT_END" %>
<%
    String condition = "DELETE FROM product WHERE number = '" + number + "'";
    try{
          Class.forName("com.mysql.jdbc.Driver");
       }
    catch(Exception e) {}
    Connection con;
    Statement sql;
    ResultSet rs;
    try{
          String uri =
        "jdbc:mysql://127.0.0.1/warehouse?" +
         "user = root&password = &characterEncoding = gb2312";
         con = DriverManager.getConnection(uri);
         sql = con.createStatement();
         sql.executeUpdate(condition);
         con.close();
         jspContext.setAttribute("deletedRecord",number);
       }
    catch(Exception e)
      {
        jspContext.setAttribute("deletedRecord","" + e);
      }
    jspContext.setAttribute("biao",tableName);
%>
```

习　题　7

1. 答：把创建 bean 的字节码保存到 mymoon\WEB-INF\classes\blue\sky 中。

2. 答：不允许。

3. 答：C。

4. 答：A。

5. 答：

a.jsp：

```
<%@ page contentType = "text/html;charset = GB2312" %>
<HTML><BODY>
<FONT size = 2>
<FORM action = "b.jsp" Method = "post">
<P>输入矩形的边 A:<Input type = text name = "sideA" value = 0>
<P>输入矩形的边 B:<Input type = text name = "sideB" value = 0>
<Input type = submit value = "提交">
</FONT>
</BODY>
```

```
</HTML>
```

b.jsp：

```
<%@ page contentType = "text/html;charset = GB2312" %>
<%@ page import = "tom.jiafei.Rect" %>
<jsp:useBean id = "rect" class = "tom.jiafei.Rect" scope = "page"/>
<jsp:setProperty  name =  "rect"  property = " * "/>
<HTML>
<BODY>
<FONT size = 2>
<BR>边 A 是: <jsp:getProperty name = "rect" property = "sideA"/>
<BR>边 B 是: <jsp:getProperty name = "rect" property = "sideB"/>
<P>面积是: <jsp:getProperty name = "rect" property = "area"/>
</FONT>
</BODY>
</HTML>
```

Rect.java：

```
package tom.jiafei;
public class Rect
{
  double sideA,sideB,area;
  public void setSideA(double a)
   {
     sideA = a;
   }
  public double getSideA()
   {
     return sideA;
   }
  public void setSideB(double b)
   {
     sideB = b;
   }
  public double getSideB()
   {
     return sideB;
   }
  public double getArea()
   {
     if(sideA >= 0&&sideA >= 0)
       area = sideA * sideB;
     else
       area = - 1;
     return area;
   }
}
```

习　题　8

1. 答：在服务器端。

2. 答：首先调用 init 方法。

3. 答：正确。

4. 答：要在 web. xml 中添加如下内容：

```
<servlet>
   <servlet-name>myservlet</servlet-name>
   <servlet-class>star.flower.Dalian</servlet-class>
</servlet>
<servlet-mapping>
   <servlet-name>myservlet </servlet-name>
   <url-pattern>/lookyourServlet</url-pattern>
</servlet-mapping>
```

5. 答：doGet 和 doPost 方法。

6. 答：HttpServletResponse 类的 sendRedirect 方法可以把用户重新定向到其他页面或 Servlet，但是不能将用户对当前 JSP 页面或 Servlet 的请求和响应（HttpServletRequest 对象和 HttpServletResponse 对象）传递给所重新定向 JSP 页面或 Servlet。RequestDispatcher 对象使用 forward 方法可以把用户对当前 JSP 页面或 servle 的请求转发给另一个 JSP 页面或 Servlet，而且将用户对当前 JSP 页面或 Servlet 的请求和响应（HttpServletRequest 对象和 HttpServletResponse 对象）传递给所转发的 JSP 页面或 servlet。也就是说，当前页面所要转发的目标页面或 servlet 对象可以使用 request 获取用户提交的数据。

7. 答：HttpServletRequest 对象 request 调用 getSession 方法获取用户的 session 对象。

习　题　9

1. 答：Javabean。

2. 答：Servlet。

3. 答：JSP 页面。

4. 答：MVC 结构可以使 Web 程序更具有对象化特性，也更容易维护。

5. 答：由 Servlet 负责创建。

习题 5：可以由 JSP 页面也可以由 Servlet 创建，但在 MVC 模式中，对 JavaBean 的更新操作由 Servlet 完成。Servlet 所请求的 JSP 页面可以使用

```
<jsp:useBean id = "keyWord" type = "user.yourbean.BeanClass" scope = "request"/>
```

获得 Servlet 所创建的 Bean。也可以使用

```
<jsp:useBean id = "keyWord" class = "user.yourbean.BeanClass" scope = "request"/>
```

获得 Servlet 所创建的 Bean。即使 servlet 所请求的 JSP 页面事先已经有了 id 是 "keyWord"，scope 是"request"的 Bean，那么这个 bean 也会被 Servlet 所创建的 Bean 替换。原因是 Servlet 所请求的 JSP 页面会被刷新，就会到 Tomcat 引擎管理的内置对象 PageContext 中寻找 id 是"keyWord"，生命周期是 request（有关 Bean 的使用原理和有效期限见 7.1.2），而该 Bean 已经被 Servlet 更新。

6. 答:

(1) 模型

Equation. java:

```
package moon.yourbean;
public class Equation
{
   double a,b,c;
   String rootOne,rootTwo;
   boolean squareEquation;
   public void setA(double a)
   { this.a = a;
   }
   public double getA()
   {   return a;
   }
   public void setB(double b)
   {   this.b = b;
   }
   public double getB()
   {   return b;
   }
   public void setC(double c)
   {   this.c = c;
   }
   public double getC()
   {   return c;
   }
   public void setRootOne(String root)
   { rootOne = root;
   }
   public String getRootOne()
   {   return rootOne;
   }
   public void setRootTwo(String root)
   { rootTwo = root;
   }
   public String getRootTwo()
   {   return rootTwo;
   }
   public void setIsSquareEquation(boolean b)
   { squareEquation = b;
   }
   public boolean getIsSquareEquation()
   {   return squareEquation;
   }
}
```

(2) 视图

input.jsp:

```
<%@ page contentType = "text/html;Charset = GB2312" %>
<HTML><BODY><Font size = 2>
<FORM action = "handleData" Method = "post" >
  <BR>输入一元二次方程的系数:
  <BR> 二次项系数 a:<Input type = text name = "a" size = 4>
       一次项系数 b:<Input type = text name = "b" size = 4>
       常数项 c:<Input type = text name = "c" size = 4>
  <Input type = submit value = "提交">
</FORM>
</Font></BODY></HTML>
```

show.jsp:

```
<%@ page contentType = "text/html;charset = GB2312" %>
<%@ page import = "moon.yourbean.*" %>
<jsp:useBean id = "equation" type = "moon.yourbean.Equation" scope = "request"/>
<HTML><BODY><Font size = 2>
      一元二次方程的系数是:
<BR> 二次项系数: <jsp:getProperty name = "equation"  property = "a"/>
     一次项系数: <jsp:getProperty  name = "equation" property = "b"/>
     常数项: <jsp:getProperty name = "equation" property = "c"/>
<BR>是一元二次方程吗?<jsp:getProperty name = "equation" property = "isSquareEquation"/>
<BR>方程的两个根是: <jsp:getProperty name = "equation" property = "rootOne"/>,
                 <jsp:getProperty name = "equation" property = "rootTwo"/>
</FONT></BODY></HTML>
```

(3) 控制器

HandleData.java:

```
package sun.yourservlet;
import moon.yourbean.*;
import java.io.*;
import javax.servlet.*;
import javax.servlet.http.*;
public class HandleData extends HttpServlet
{  public void init(ServletConfig config) throws ServletException
    {super.init(config);
    }
   public void doPost(HttpServletRequest request,HttpServletResponse response)
                        throws ServletException,IOException
    {  Equation equ = new Equation();  //创建 Javabean 对象
       request.setAttribute("equation",equ);// 将 equ 存储到 HttpServletRequest 对象中
       double a = Double.parseDouble(request.getParameter("a"));
       double b = Double.parseDouble(request.getParameter("b"));
       double c = Double.parseDouble(request.getParameter("c"));
       equ.setA(a);                    //将数据存储在 equ 中
       equ.setB(b);
       equ.setC(c);
```

```
            if(a!= 0)
              equ.setIsSquareEquation(true);
            else
              equ.setIsSquareEquation(true);
            double disk = b * b - 4 * a * c;
            if(disk < 0)
             {   equ.setRootOne("无实根");
                 equ.setRootTwo("无实根");
             }
            else
             { double root1 = ( - b + Math.sqrt(disk))/(2 * a),
                      root2 = ( - b - Math.sqrt(disk))/(2 * a);
               equ.setRootOne("" + root1);
               equ.setRootTwo("" + root2);
             }
            RequestDispatcher dispatcher = request.getRequestDispatcher("show.jsp");
            dispatcher.forward(request, response);   //请求 show.jsp 显示 equ 中的数据
        }
    public  void  doGet(HttpServletRequest request,HttpServletResponse response)
                          throws ServletException, IOException
      {    doPost(request,response);
      }
}
```